中等职业教育课程改革国家规划新教材

计算机应用基础实训（职业模块）

（Windows XP+Office 2003）（修订版）

丛书主编　蒋宗礼

主　　编　傅连仲

电子工业出版社·

Publishing House of Electronics Industry

北京·BEIJING

内 容 简 介

本书根据教育部制定的《中等职业学校计算机应用基础教学大纲》（2009 年版）的要求而编写。编者针对中等职业教育的培养目标，结合当今计算机技术的最新发展和教育教学改革的需要，本着"案例驱动、重在实践、方便自学"的原则编写了这本以工作过程为导向、以培养学生的实际动手和操作能力为目的的计算机应用基础实训（职业模块）。本教材共 9 个模块，包括文字录入训练、个人计算机组装、办公室（家庭）网络组建、宣传手册制作、统计报表制作、电子相册制作、DV 制作、产品介绍演示文稿制作和个人网络空间构建。

本书配套教学资源光盘一张，包括课程标准、教学方案、多媒体演示课件、PPT 课件案例素材等教学资源，搭建了一个提供学生自主学习和教师教学指导的平台。本书还配有电子教学参考资料包（包括教学指南、电子教案及习题答案），详见前言。

本书作为国家规划的中等职业学校计算机应用基础（职业模块）课程教材，也可作为其他人员学习计算机应用的参考书。

图书在版编目（CIP）数据

计算机应用基础实训：职业模块：Windows XP+Office 2003 / 傅连仲主编. —修订本. —北京：电子工业出版社，2015.5

中等职业教育课程改革国家规划新教材

ISBN 978-7-121-23586-3

Ⅰ. ①计… Ⅱ. ①傅… Ⅲ. ①Windows 操作系统—中等专业学校—教材②办公自动化—应用软件—中等专业学校—教材 Ⅳ. ①TP316.7②TP317.1

中国版本图书馆 CIP 数据核字（2014）第 134171 号

策划编辑：施玉新
责任编辑：施玉新　　　文字编辑：刘　佳
印　　刷：三河市鑫金马印装有限公司
装　　订：三河市鑫金马印装有限公司
出版发行：电子工业出版社
　　　　　北京市海淀区万寿路 173 信箱　邮编 100036
开　　本：787×1 092　1/16　印张：10.5　字数：268.8 千字
版　　次：2009 年 8 月第 1 版
　　　　　2015 年 5 月第 2 版
印　　次：2015 年 5 月第 1 次印刷
定　　价：20.00 元（含光盘 1 张）

凡所购买电子工业出版社图书有缺损问题，请向购买书店调换。若书店售缺，请与本社发行部联系，联系及邮购电话：（010）88254888。

质量投诉请发邮件至 zlts@phei.com.cn，盗版侵权举报请发邮件至 dbqq@phei.com.cn。

服务热线：（010）88258888。

前　言

当今世界，信息技术的飞速发展及其普遍应用影响着社会生活的各个领域。计算机和网络通信技术的进步，促进了人类社会的信息化进程。作为现代社会生活中的常用工具，计算机已在各个领域得到广泛应用。未来社会，计算机将越来越成为人类生活不可缺少的现代化设备。

本书根据教育部制定的《中等职业学校计算机应用基础教学大纲》（2009 年版）的要求编写，作为国家规划的中等职业学校计算机应用基础（职业模块）课程教材，也可作为其他人员学习计算机应用的参考书。

计算机应用基础课程是中等职业学校学生必修的一门公共基础课。本课程的任务是：使学生掌握必备的计算机应用基础知识和基本技能，培养学生应用计算机解决工作与生活中实际问题的能力；使学生初步具有应用计算机学习的能力，为其职业生涯发展和终身学习奠定基础；提升学生的信息素养，使学生了解并遵守相关法律法规、信息道德及信息安全准则，培养学生成为信息社会的合格公民。职业模块为限定选修内容，是结合基础模块进行的计算机综合应用能力训练。职业模块旨在提升学生在工作、生活中应用计算机的能力，教学中可根据需要选择内容。

本书以实际的职业岗位（群）工作任务为源头，经分析、归纳、提炼，精心设计了一组内容新颖、涉及面广、实用性强的任务，按照学生的认知规律和任务的难易程度序化教学内容，将抽象的理论知识融入典型的工作任务中，力求达到"操作技能熟练，理论知识够用"的教学目标。《计算机应用基础实训（职业模块）》的编写具有以下几个特点。

1．教材内容来源于职业岗位的实际工作任务。例如，模块一的文字录入训练，教材选择了录入求职简历与自荐书、论文、公文、教材以及编制教材目录和现场会议记录竞赛等任务；模块四的宣传手册制作，选择某工业设计公司形象宣传手册的设计与制作，包括设计宣传册版式、制作封面与封底、制作宣传页和综合实战训练四个单元。

2．与职业岗位工作任务有关的知识、技能、素质有目的地分解或穿插于各工作过程序列中。如论文格式及体例要求，如何写求职简历和自荐书，公文写作规范等。

3．采用现代主流、应用广泛和容易掌握的设计制作软件，如宣传手册制作，采用出版、多媒体和在线图像的工业标准矢量插画软件 Adobe Illustrator，DV 制作采用 Premiere 编辑软件。

4．立体化教材。除纸质教材外，本书附有教学资源光盘一张，包括多媒体演示课件、设计制作过程录像、案例素材等教学资源。

本套丛书主编为蒋宗礼，本书由傅连仲主编，主要由丁莉、张靖瑶、闫明、李强、赵磊、刘杰、张丹阳、王伟伟编写。

由于编写时间仓促，书中存在的疏漏不足之处，欢迎读者批评指正。

编　者
2014 年 12 月

目　录

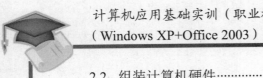

模块 1   文字录入训练

任务目标

- 了解各种应用文录入样式
- 掌握 Word 相关操作
- 能够熟练录入文字并调整文本格式

1.1   职业背景与训练目标

1.1.1   职业背景

随着我国信息化建设的发展，计算机文字录入已成为社会认可的职业，国家劳动和社会保障部已出台了《计算机文字录入员》职业标准。政府机关、企事业单位中对计算机文字录入及文案处理人员的需求十分旺盛，并广泛出现在公检法笔录、律师笔录、现场会议记录、网站文字记录、媒体采访记录、录音（像）文字整理、出版社的大量文字录入等工作中，以及电子商务、电子政务、企业信息化和服务外包等领域。

1.1.2   训练目标

文字录入训练主要完成以下训练目标。

（1）职业素质：遵纪守法，保守秘密；实事求是，讲求时效；忠于职守，谦虚谨慎；团结协作，爱护设备；爱岗敬业，无私奉献；服务热情，尊重知识产权。

（2）熟练掌握微软拼音、智能 ABC、全拼、紫光拼音、王码五笔中的一种。

（3）根据工作岗位的要求，保质保量地完成信息整理、录入工作。

（4）根据录入的相关数据，进行数据处理和整合。

（5）根据工作的要求，严格保证提交信息数据的匹配程度和准确性。

（6）较高的打字水平，速度要求在 60 字/分钟以上。

（7）具备一定的信息数据分析及处理技巧。

1.2   录入求职简历与自荐书

1.2.1   任务目标

（1）录入第 1.2.2 节的全部内容，录入时间为 30 分钟，检查时间为 10 分钟。

（2）录入如图 1-1 所示的个人简历表，录入时间为 15 分钟，检查时间为 5 分钟。

（3）录入如图 1-2 所示的自荐书，录入时间为 10 分钟，检查时间为 5 分钟。

（4）课后作业，完成个人求职简历与自荐书的编写与录入。

1

个人简历

姓名		性别		文化程度		照片
出生日期		民族		政治面目		
毕业院校						
所学专业				联系电话		
地址				邮政编码		
个人博客				E-mail		
受教育情况						
个人特长						

图 1-1　个人简历表

自荐书

尊敬的领导：

　　您好！我叫 xxx，是 xxx 大学计算机专业 08 届毕业生。作为一名普通的应届毕业生，在完成学业即将跨出象牙塔进入社会之际，我非常荣幸能有这样一个机会真诚地向您推荐自己。

● 学习刻苦努力，成绩优秀，曾获得校级一等奖学金。

● 工作踏实肯干，曾获校级"优秀学生干部"、"三好学生"等荣誉称号。

● 专业主攻方向是网页设计，网站策划和推广。

● 熟练地运用 Dreamweaver、Fireworks、Flash 等网页设计制作软件，并对动态网页设计语言有一定了解。

　　再次感谢您能在百忙之中抽出宝贵的时间来审阅我的自荐书，祝工作顺利。

此致

　　　　　敬礼！

　　　　　　　　　　　　　　　　　　　自荐人：xxx

　　　　　　　　　　　　　　　　　　　2009 年 1 月

图 1-2　自荐书样文

1.2.2　工作流程

任务 1——录入简历表

（1）启动 Word，新建一空白文档，创建标题文字为"个人简历"，并将标题设置为楷体、一号、加粗，居中显示。

（2）创建一个 8 行 7 列的表格。

（3）合并单元格，合并第 7 列的第 1～3 行单元格，第 3 行的第 2～6 列单元格，再分别合并第 4、5 和第 6 行中每行的第 2～4 列及 6～7 列单元格，最后合并第 8、9 行的第 2～7 列单元格。

（4）调整表格大小及行高、列宽为合适尺寸。

（5）根据样文要求输入相应文字信息，并设置为宋体、小四号字。

（6）设置单元格中的文字对齐方式为"中部"居中对齐。

（7）修改文字方向，将第 1 列中第 7、8 行单元格中的文字"受教育情况"和"个人特长"的文字方向改为竖排。

（8）设置表格底纹，选中表格中需要设置底纹的单元格，单击鼠标右键，在弹出的快捷菜单中选择"边框和底纹"命令，弹出的对话框如图 1-3 所示，选择"底纹"选项卡，设置填充颜色为"灰色-10%"，并单击"确定"按钮确认单元格底纹的设置。

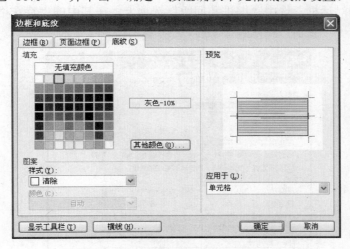

图 1-3　"边框和底纹"对话框

任务 2——录入自荐书

1．新建文档并录入文字

启动 Word，新建一空白文档，将任务 2 中的内容输入到新建文档中。在录入过程中，注意每个段落要顶头录入文字，随后在调整段落时用"首行缩进"功能来处理空格。在每个段落输入完毕以后，按"Enter"键来作为一个段落的结束。

2．设置字符格式

（1）选中标题段文字，设置"字体"为黑体，"字形"选择常规，"字号"选择三号。再选中"字符间距"选项卡，其中"间距"设置为加宽，"磅值"为 4 磅。

（2）选中称呼段落中的文字"尊敬的领导"，设置"字体"为宋体，"字形"选择加粗，"字号"选择四号。

（3）选中正文中所有文字，设置"字体"为宋体，"字形"选择常规，"字号"选择小四号。

（4）选中正文第一段中"我叫 xxx，是 xxx 大学计算机专业 08 届毕业生。"的这段文字，选择菜单栏中的"格式→字体"命令，打开"字体"对话框，选中"字体"选项卡，在其中的"下画线线型"下拉列表中选择"="，单击"确定"按钮。

（5）选中正文第二段中"一等奖学金"的这段文字，选择菜单栏中的"格式→字体"命令，打开"字体"对话框，选中"字体"选项卡，在其中的"着重号"下拉列表中选择"·"，单击"确定"按钮。同时，选中已加着重号的文字"一等奖学金"，双击"常用"工具栏中的"格式刷"按钮，用刷子形状的鼠标指针在"优秀学生干部"、"三好学生"等需设置格式的文本处依次刷过。最后再一次单击"格式刷"按钮结束此操作。

3. 设置段落格式

（1）设置段落缩进。选中正文中的所有段落，选择菜单栏中的"格式→段落"命令，显示如图 1-4 所示的对话框，选中"缩进和间距"选项卡，在其中的"特殊格式"下拉列表中选择"首行缩进"，"度量值"中选择 2 字符。

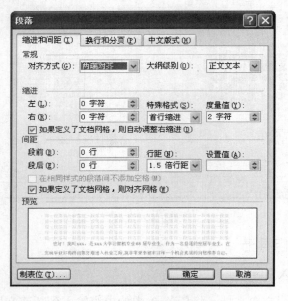

图 1-4　"段落"对话框

（2）设置段落对齐方式。选中标题文字"自荐书"，单击"格式"工具栏中的"居中"按钮▤，使文章标题居中显示。然后选中"日期"与"落款"段落，单击"格式"工具栏中的"右对齐"按钮，使这两段文字居于文档右端显示。

（3）设置段落间距。段落间距是指相邻段落间的间隔，选中正文的所有段落，选择菜单栏中的"格式→段落"命令，选中"缩进和间距"选项卡，在其中的"行距"下拉列表中选择"1.5 倍行距"。

（4）设置段落项目符号。为了使段落中某些条目更加醒目、易读，可以为其添加项目符号。选中正文第 2~5 段的所有文字，选择菜单栏中的"格式→项目符号和编号"命令，打开"项目符号和编号"对话框，如图 1-5 所示，选中"项目符号"选项卡，在其中选择"●"符号，单击"确定"按钮。

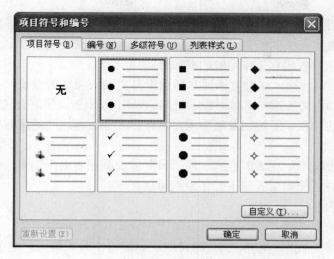

图1-5　"项目符号和编号"对话框

1.2.3　知识与技能

1. 如何撰写个人简历

　　求职简历一般分为4个部分：个人资料、教育背景、工作经验（或个人专长）和其他方面。撰写个人简历最重要的是能充分显示自己的优势。

　　在撰写个人简历之前，可以先量身设计一个全面的职业规划，其中包括职业性格、职业倾向性等测试，在科学测评的数据基础上，结合自己的喜好，找到自己更加适合于做哪个行业、哪种职位的工作。这样将使你更清楚地了解自己的能力、特长及不足。当你明确了职业定位后就能够快速锁定求职目标，自己知道该找怎样的工作，在哪里可以获得这样的工作机会。

　　（1）准备工作

　　首先要了解公司情况及岗位需求，用SWOT（优势、劣势、机会、威胁）方法剖析自己，充分了解你能做什么、做过什么，并列出一系列能充分说明你所具备的素质和能力的事例，来证明你匹配岗位需求。

　　（2）简历组织方式

　　① 时间顺序法，按时间顺序勾勒出学习工作的轨迹，并且易于组织简历内容。没有太大的风险。事实上，招聘者真正需要的是通过个人历史，求职者取得了哪些业绩、获得了何种经验或能力。工作经历很多、有过不同行业的工作经历，不适合采用这种方法的情况，个人历史可能会引起误解。

　　② 个人才能或工作经历法，这种简历通常会按照个人才能或工作经历来组织材料。这种样式的简历可以较好地克服求职者工作经历中发生的降职或失业等问题所带来的负面影响，使求职者可以根据能力类型等要素来组织材料，这样事情发生的顺序就不会对简历总体造成影响。

③ 能力与业绩法，这种组织方式具有很强的职位针对性，求职者可以直接说明他所具有的与所申请职位要求相关的能力，并通过一定的个人业绩来证明这些能力。适合于某一领域具有丰富经验的求职者或有工作经验的求职者。

④ 求职信/简历混合法，这种方法通常适用于具有某一领域的专长、工作经验少和有过失业的经历，并且知道简历递送具体对象的姓名。采用求职信/简历混合法简历，首先需要对目标公司进行深入的调查，了解其发展需求，这样你才能根据这些需求有的放矢地说明你的才能。

对简历而言，没有唯一正确的样式，简历只要能使阅览者易于理解，能清晰、快速、准确地描述个人情况并能使阅览者留下好印象就可以。

（3）简历主要内容

应聘的岗位或求职希望；

基本信息：姓名、性别、联系方式(邮寄地址和邮编，联系电话，电子邮件)；最好留手机号并保持畅通；

教育背景：学历、学位、毕业院校、专业；

与应聘岗位需求素质有关的表现、经历和业绩等，最好主题突出，条理清楚地写下来；

最后，可以附上有关证明材料的复印件，如获得奖学金、优秀干部、实习鉴定、专业资格证书和发表过的论文的复印件等。

（4）撰写简历原则

① 简短原则，简历的长度一般以一张 A4 纸为宜，不超过两页。10 秒钟原则：简历写完后，权衡一下，是否能够在 10 秒钟内看完你认为重要的内容。

② 针对性原则，"好的简历，目的性要强，用人单位需要什么，你就提供什么；语言要清晰，逻辑性要强。你还应该是个有心人，针对招聘单位的特点和要求，'量体裁衣'特制一份简历，表明你对用人单位的重视和热爱。很多人的求职信就像公文，千篇一律，送给哪家单位只需换个称呼就行，让人感觉他对应聘的公司一无所知，诚心不够，自然很容易被拒之门外。"《爱立信人力资源部副总裁牛艳娜》

③ 个性化原则，简历是一个人的个人广告文案，应展示自己"人无我有，人有我优"、与众不同的特质与优势。

④ 客观性原则，简历应以事实说话，提供客观的可证明个人能力的事实、数据。

（5）需避免的几个问题

① 空洞、缺乏事实和数字支持的简历

如写了很多长处，做事认真，能吃苦耐劳，具有团队精神、创新精神，适应能力强，沟通能力强，等等。这些空洞的词句是比较反感的。与其写这些，还不如写你做过什么学生工作，组织了什么活动，取得了什么成绩，兼职销售过多少产品、拿过什么奖学金等一些事实和数据。

② 花了很多笔墨介绍学校、专业，列出专业课而没有成绩，很少写到个人。这样的简历只适合从来没有招过大学生的单位。对于绝大多数企业，他们关心的是应聘者你个人的特点和能力。

③ 散文式的简历。简历像一篇散文或记叙文，看起来很费力，找不出重点，诗情画意

的词很多，表示态度的词很多，而事实和数字很少，条理不清楚。

④ 装帧精美但内容毫无新意

也许彩色打印，精美的印刷可以让人从一堆简历中拿出来看一眼，但如果内容不合要求，也要扔到一边，并让人觉得应聘者名不副实。况且精美装帧的简历成本也比较高。

⑤ 千篇一律、比较模糊的复印件。让人觉得对应聘企业和岗位并不重视，你的简历也很难得到重视。

（6）工作经历叙述技巧

使用"STAR"技巧描述工作经历，Situation（背景）所从事工作的特点、环境；Task（任务）具体做了哪些工作；Action（行动）采取了哪些行动；Result（结果）结果如何。

案例1：2003.11-2004.1 在天津市地铁公司作站台引导员，协助站台处理日常事务，引导乘客出站、搭乘地铁，学会了组织、协调团队工作，学到了一丝不苟的工作态度，同时体验到工作的艰辛。

案例2：在三星公司大型市场推广活动中，为顾客进行产品展示和产品性能解说；参与组织和安排大型抽奖活动，当天吸引3000余名潜在顾客参加活动；协助进行手机市场调查，组织19人发出2138份问卷并有效回收91.2%。

2. 如何写自荐书

写自荐书的目的是什么？得到你追求、向往的那个职位，这是最终的目标。要达到这个最终目标，第一步要尽可能地使招聘单位对你产生注意，发生兴趣，这样你才可能顺利地进入面试。要引起招聘单位的注意，自荐书中要有闪光点。例如，你的文章写得好，在介绍自己时可充分表现你的文章；你的学历高，可突出写明你所学的知识；你的专业正好与招聘职业相符，应该充分显示一下自己本专业上较深的造诣；假如你有丰富的社会阅历，可以通过简要罗列，引起单位的兴趣；学生期间是否当过干部，是否为党团员等，这些都是你的资本。恰到好处地利用这些资本，就是求职的诀窍，会利用这些资本宣传自己，才称得上是一个有经验的求职者。

求职应该明白，你想去的单位，其应聘者绝不可能只你一人。在众多的应聘者中，你能否不被筛选掉，获得面试机会，主要看专业对不对口，水平高低，但在同等条件下，自荐书写得如何就成为能否进入面试阶段的关键。所以谁要拿写自荐书当儿戏，最后被戏弄的肯定是自己。

上面谈了如何写自荐书，下面谈谈如何写好自荐书。要写好自荐书，应该做到六要六忌。

（1）要凝练精干，忌长篇大论。精练的文风能起到反映一个人干练的作用，如果你的自荐洋洋洒洒，长篇大论，词不达意，不仅招聘主管看不下去，而且会得出你这个人不干练的结论。

（2）要充分展示，忌过于简单。自荐过于粗略，招聘单位无法了解你的基本情况，也就不可能对你的资历和能力做出适当的评价，从而影响面试机会的获得。

（3）要层次分明，忌条理不清。如果自荐书的布局不合理，结构混乱，逻辑上颠三倒四，会带来阅读和理解上的困难，甚至引起招聘主管的反感。

（4）要实事求是，忌虚假夸张。有人为了获得职位，不惜捏造事实或夸大其词，以为说得越好，成功的机会越大。殊不知，纸是包不住火的，即使蒙混过了关，一接触实际工作就会露馅儿。应聘时做个老实人，一是一，二是二，使人感到你平实可信，这样成功的机会更多，获得机会也会干得长久。

（5）要态度认真，忌错漏百出。写自荐书要有个严肃认真的态度，这是对招聘主管及其单位的尊重，也是你对到该单位工作诚意的表露。你的自荐书错别字一大篇，内容不完整，关键项目不填写，错误漏洞百出，还指望着这家单位录用你吗？

（6）要书写工整，忌潦草不清。自荐书有手写的，也有打印的。手写自荐书要工整，不管你的书法水平高低，清楚工整是起码要求。如果是打印的自荐书，要符合文本规范；复印时一定要注意质量，有的缺行少字，有的黑乎乎一片，这是最令招聘主管头疼的。

1.3 录入通知公文

1.3.1 任务目标

（1）录入如图 1-6 所示的通知公文，录入时间为 20 分钟，检查时间为 5 分钟。

（2）课后作业，撰写一学院团委准备开展学习十七大精神明确大学生使命主题教育活动的通知。

**教育部关于印发中等职业学校
德育课课程教学大纲的通知**

教职成〔2008〕7号

各省、自治区、直辖市教育厅〔教委〕，新疆生产建设兵团教育局，有关部门〔单位〕教育司〔局〕：

现将我部组织制定的中等职业学校"职业生涯规划"、"职业道德与法律"、"经济政治与社会"、"哲学与人生"等四门德育课必修课程教学大纲和"心理健康"选修课程教学大纲印发给你们，请结合《教育部关于中等职业学校德育课课程设置与教学安排的意见》〔教职成〔2008〕6号〕一并执行。

中等职业学校德育课课程教学大纲是国家制定的指导德育课教学的纲领性文件，是进行教学工作的基本依据，也是衡量教师教学质量的基本依据。中等职业学校德育课教材的编写与审查、教学督导与评估、学习评价与考核都必须按照课程教学大纲的规定进行。

中华人民共和国教育部
二〇〇八年十二月九日

图 1-6　通知公文

1.3.2 工作流程

（1）启动 Word，新建一空白文档，纸张大小为 A4，页边距分别为上 3.7 厘米、下 2.54 厘米、左右各 2.7 厘米，并根据样文所示录入文字。

（2）设置通知标题文字"教育部关于印发中等职业学校德育课课程教学大纲的通知"的字体为宋体、2 号，加粗，居中显示。

（3）设置通知的主送机关文字"各省、自治区、直辖市教育厅（教委），新疆生产建设兵团教育局，有关部门（单位）教育司（局）"的字体为仿宋、3 号，左对齐。

（4）设置通知的正文字体为仿宋、3 号，段落格式为首行缩进 2 字符。

（5）设置通知的作者"中华人民共和国教育部"及时间"2008 年 12 月 9 日"的字体为仿宋、3 号，右对齐。

（6）设置通知的发文字号的字体为仿宋、4 号，右对齐。

1.3.3 知识与技能

1．公文的概念

公文全称为公务文书，是指行政机关在行政管理活动中产生的，按照严格的、法定的生效程序和规范的格式制定的具有传递信息和记录作用的载体。国务院办公厅发布、自 2001 年 1 月 1 日起施行的《国家行政机关公文处理办法》规定，国家行政机关公文文体主要有命令（令）、决定、公告、通告、通知、通报、议案、报告、请示、批复、意见、函、会议纪要 13 个种类。其中，决议、指示、公报、条例、规定为党的机关公文专用，命令、公告、议案为行政机关公文专用。

2．通知公文的概念

通知是用于批转下级机关的公文、转发上级机关和不相隶属机关的公文、发布规章、传达要求下级机关办理和有关单位需要周知或共同执行的事项、任免和聘用干部的一种公文。通知具有广泛性、周知性和时效性的特点。

通知是一种使用范围广泛，使用频率很高的告知性公文，通知的使用没有级别限制，各级党政机关、社会团体都可以下达通知。通知按内容，可分为批示性通知、指示性通知、会议通知、任免通知和一般性通知等。

3．通知的常用写法

由于通知的功能多，种类多，其写法有较大的区别，这里只概括介绍一些通知写作的基本方法。

1）通知标题和主送机关

① 通知的标题

通知的标题一般采用公文标题的常规写法，由发文机关+主要内容+文种组成。如《中共中央办公厅、国务院办公厅关于严禁用公费变相出国（境）旅游的通知》。

也可以省略发文机关，由主要内容+文种组成标题。如《关于印发〈规范国有土地租赁若干意见）的通知》（国土资发〔1999〕222 号）。

发布规章的通知，所发布的规章名称要出现在标题的主要内容部分，并使用书名号。

批转和转发文件的公文，所转发的文件内容要出现在标题中，但不一定使用书名号。如《国务院办公厅转发教育部等部门关于进一步加快高等学校后勤社会化改革意见的通知》。

② 通知的主送机关

通知的发文对象比较广泛，因此，主送机关较多，要注意主送机关排列的规范性。如人事部《关于解除国家公务员行政处分有关问题的通知》的主送机关包括：各省、自治区、直辖市人事（人事劳动）厅（局）、监察厅（局）；国务院各部委、各直属机构人事（干部）部门、监察局（室）。

由于级别、名称不同，主送机关的称法和排列非常复杂，这个序列显然是经过深思熟虑后确定下来的。

（2）通知的正文

① 通知缘由

发布指示、安排工作的通知，这部分的写法跟决定、指示很接近，主要用来表述有关背景、根据、目的和意义等。

晓谕性的通知，也可参照上述写法。如《国务院关于更改新华通讯社香港分社、澳门分社名称问题的通知》，采用了根据与目的相结合的开头方式；《国务院办公厅关于成立国家信息工作领导小组的通知》，采用的是以"为了"领起的"目的式"开头方式。

批转、转发文件的通知，根据情况，可以在开头表述通知缘由，但多数以直接表达转发对象和转发决定为开头，无须说明缘由。

发布规章的通知，多数情况下，篇段合一，无明显的开头部分，一般也不交代缘由。

② 通知事项

这是通知的主体部分，所发布的指示、安排的工作、提出的方法、措施和步骤等，都在这一部分中有条理地组织表达。内容复杂的，需要分条列款。

晓谕性通知有时需要列出新成立的组织成员名单，以及改变名称或隶属关系后职权的变动等。

③ 执行要求

发布指示、安排工作的通知，可以在结尾处提出贯彻执行的有关要求。如无必要，可以没有这一部分。

其他篇幅短小的通知，一般不需有专门的结尾部分。

（3）通知的落款和日期

写出发文机关名称和发文时间。如已在标题中写了机关名称和时间，这里可以省略不写。

4. 公文排版中的格式要求

《国家行政机关公文格式》规定："公文用纸采用 GB/f148 中规定的 A4 型纸，其成品幅面尺寸为210mm×297mm。"供张贴的公文用纸幅度面尺寸，可根据实际需要确定。至于公文用纸的页边和版心尺寸，《国家行政机关公文格式》规定："公文用纸天头（上白边）为37mm±1mm"，"公文用纸订口（左白边）为28mm±1mm"，"版心尺寸为156mm×225mm（不含页码）"。

公文一律采用从左至右横写、横排的格式。在民族自治地方，可以并用汉字和通用的少数民族文字，少数民族文字版的公文应按其习惯书写和排版。公文的排版规格，《国家行政机关公文格式》规定："正文用 3 号仿宋体字，一般每面排 22 行，每行排 28 个字。"

　　公文标题一般采用 2 号宋体字居中排布；主送机关一般在标题下空 1 行，左侧顶格用 3 号仿宋体字标识，回行时仍顶格，最后一个主送机关名称后标全角冒号；正文是公文的主体部分，正文应置于主送机关下一行，用 3 号仿宋体字，每自然段左空两字，回行顶格；成文时间一般置于正文右下方，字体、字号与正文相同，具体的上下位置依印章来定，左右位置由字数来定。

1.4　录入教材

1.4.1　任务目标

　　（1）录入如图 1-7 所示的教材，录入时间为 30 分钟，检查核对时间为 5 分钟。

第 1 章　Java 网络编程基础

本章要点： 本章介绍了网络进程、网络进程通信、网络编程、网络应用编程等术语。介绍了关于 TCP/IP、TCP、UDP、应用层协议等基本概念。重点阐述利用传输层协议（TCP/UDP）实现网络进程通信的类 Socket。

1.1　Java 网络编程基本概念
1.1.1　网络编程概述
网络编程一般指利用不同层次的通信协议提供的接口实现网络进程安全通信的编程。
网络进程就是网点机（连入网络的计算机）上运行的程序。这里不讲两个网点机之间的通信是因为一个网点机上可能会同时运行多个程序，也就是说，多个进程并行运行。
1.1.2　TCP/IP 协议群
TCP/IP 是一组在 Internet 网络上的不同计算机之间进行通信的协议的简称，它由 TCP（Transport Control Protocol，传输控制协议）、IP（Internet Protocol）、UDP（User Datagram Protocol，用户数据报协议）、HTTP(Hypertext Transfer Protocol，超文本传输协议)、FTP(File Transfer Protocol，文件传输协议)、SMTP(Simple Message Transfer Protocol，简单邮件传输协议)等一系列协议组成。

1.2　Java 网络 Socket 编程
1.2.1　使用 TCP 协议的 Socket 网络编程基础
TCP 是一种可靠的、基于连接的传输层网络协议，是在 Internet 上大都使用的 TCP/IP 协议集中的一员。网络上的两个进程采用 C/S（Client/Server）模式进行通信。当两台主机准备进行交谈时；都必须建立一个 Socket，其中一方作为服务器，打开一个 Socket 并侦听来自网络的连接请求，另一方作为客户，它向网络上的服务器发送请求，通过 Socket 与服务器传递信息，要建立连接，只需指定主机的 IP 地址和端口号。
1.2.2　使用 TCP 协议的 Socket 网络编程实现
TCP 协议通信的服务方编程步骤：
以某端口号为参数调用 ServerSocket 类的构造函数，创建一个 ServerSocket 对象，服务程序将在这个端口上监听，等待客户程序发来的请求。

1.3　本章小结
通信协议是通信双方的约定。通信协议是分层次的。TCP/IP 协议是 Internet 网络层、传送层、应用层一系列通信协议的习惯称呼。Socket（套接字）是进程之间通信的抽象连接点。套接口按使用的协议不同分为面向连接的 Socket 和不连接的 Socket。

图 1-7　教材样文

　　（2）录入本教材第 2 章，录入时间为 60 分钟，检查核对时间为 10 分钟。

1.4.2　工作流程

　　（1）启动 Word，新建一空白文档，纸张大小为 A4，并根据样文教材所示录入文字。
　　（2）以正文为基准样式，新建样式"1 级标题"：字体为宋体，字号为 3 号，加粗，居中显示。然后设置样文教材中章标题"第 1 章　Java 网络编程基础"为此样式。
　　（3）以正文为基准样式，新建样式"2 级标题"：字体为宋体，字号为小四号，加粗，左对齐，缩进为首行缩进两个字符。然后设置节标题"1.1　Java 网络编程基本概念"、"1.2　Java 网络 Socket 编程"等为此样式。

（4）以正文为基准样式，新建样式"3 级标题"：字体为宋体，字号为 5 号，加粗，左对齐，缩进为首行缩进两个字符。然后设置三级标题"1.1.1　网络编程概述"、"1.1.2　TCP/IP 协议群"等为此样式。

（5）以正文为基准样式，新建样式"教材正文"：字体为宋体，字号为 5 号，左对齐，缩进为首行缩进两个字符。然后设置正文为此样式。

1.4.3　知识与技能

1. 教材页面格式规范

一般在教材页面设置中，纸张大小以 16 开、32 开、大 32 开最为常见。具体要求参考出版社的印刷需要。

2. 教材章节结构规范

一般教材常采用章、节、目的编写层次。其中标题层次不宜过多、过繁，一般以 4～5 级为宜。层次的多少可根据教材篇幅大小、内容繁简确定。内容简单、篇幅小的，可适当减少层次。4 级标题的参考格式如下。

- 第 1 级标题：章，形式为"第 1 章　xxx"，居中，不缩进，"第 x 章"与章名间有 1 个汉字空格。
- 第 2 级标题：节，形式为"1.1　xxx"，左对齐，缩进两个半角空格，"x.x"与节名之间有两个半角空格。"1."由数字 1 和西文小数点组成。
- 第 3 级标题：小节，形式为"1.1.1　xxx"，左对齐，缩进两个半角空格，"x.x.x"与小节名之间有两个半角空格。不要使用 Word 的自动编号功能，避免给后期的排版工作造成不必要的麻烦。
- 第 4 级标题：形式为"1.xxx"，左对齐，缩进 4 个半角空格，"1."由数字 1 和西文小数点组成。

在使用以上 3 级标题时，还需要注意几个问题：所有标题的最后不要加任何标点符号，也不能继续书写内容和解释。正文内容放在标题下，使用段落缩进两个字符方式开始。如书稿规定只用 3 级标题，有需要可使用"（1）、（2）、…"或"①、②、…"的形式继续表述。

具体示例如图 1-8 所示。

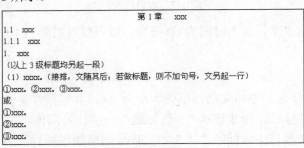

图 1-8　章节标题示例

3．教材正文的编写规范

（1）正文书写

正文书写需要注意的问题如下。

（1）正文中不要使用自动编号。

（2）正文要采用"两端对齐"、"单倍行距"的输入方式（行距不要用"最小值"）。

（2）正文字体

无特别指明，在正文中汉字使用五号、常规、宋体，西文使用 Times New Roman 字体（包括数字、标题、图注等），字号与汉字字号一致。

（3）标点符号

除程序、引用外文原文外，正文中一律用汉字标点符号（包括英文注释），要特别注意逗号、引号、冒号和括号的使用。

（4）段落缩进

正文段落首行要缩进两个字符。

（5）数字表示

下面各情况应使用阿拉伯数字。

物理量量值中的数字，如 1m（1 米）、3kg（3 千克）、20℃（20 摄氏度）等，不采用括号中的写法。

非物理量量词前的数字，如 3 个人、50 元、2 台计算机等。

技术的数值，如 3、-6、0.28、1/3，96.25%、3∶7 及一部分概数，如 10 多、3000 左右。

公元世纪、年代、年、月、日、时刻，如公元 19 世纪、80 年代、2000 年、8 月等。

阿拉伯数字只能与"万"、"亿"及法定计量词头的汉字数字连用，如 453000000 可写成 45300 万、4.53 亿，不可写成 4 亿 5 千 3 百万。3000 元可写成 0.3 万元，不可写成 3 千元。

纯小数必须写出小数点前的"0"，如 0.5 不可写成".5"。用阿拉伯数字书写的数字范围，应使用"～"，如 10%～20%、30～40km 等。

（6）常用单位

所有书中使用的单位都应符合国家技术监督局发布的国家标准，在教材中常用的单位列举如下，不采用括号中的写法。

24bit（24 位，24b），3KB（3 千字节，3kB），8MB（8 兆字节），数据传输速率 10bit/s（10bps）、3kg（3 千克）、20℃（20 摄氏度）等。

有些单位符号，若国家标准没有规定，则可使用汉字表示，如"像素"，但不能随意使用英文缩写。

4．教材排版技巧

对于教材这种较长的文档，在排版过程中应优先考虑使用"样式"。所谓样式，就是用样式名保存起来的文本格式信息的集合。使用样式可以方便地设置文档各部分的格式，提高排版效率。使用样式最大的优点：更改了某个样式后，文档中所有应用该样式的文本格式都会随之改变。例如，要将各章标题的字体都改为宋体，只需修改"各章标题"样式，把该样式的字体改为宋体即可。

1.5 编制教材目录

1.5.1 任务目标

（1）为上一节教材编制目录，如图 1-9 所示，录入时间为 5 分钟，检查核对时间为 1 分钟。

（2）为本教材第 2 章编制教材目录。

图 1-9 教材目录

1.5.2 工作流程

（1）启动 Word，打开上一节所录入的教材文档。

（2）在文档章标题前插入一分页符。

（3）输入文字"目录"，并设置其为黑体、3 号字，居中显示。

（4）在"目录"文字下一行插入目录条目。选择菜单栏中的"插入"→"引用"→"索引和目录"命令，打开"索引和目录"对话框，选择"目录"选项卡，如图 1-10 所示。单击"选项"按钮，弹出"目录选项"对话框，如图 1-11 所示，选择编制目录所需要的标题样式，并为其设置目录级别。

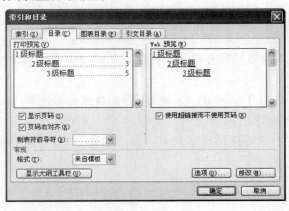

图 1-10 "索引和目录"对话框

图 1-11 "目录选项"对话框

（5）单击"索引和目录"对话框中的"确定"按钮，自动生成目录。

1.5.3　知识与技能

完成教材正文部分的录入工作后，还需要制作教材目录。目录是指著录一批相关文献，并按照一定次序编排而成的揭示与报道文献的工具。它是联系文献与用户的桥梁和纽带，是书籍文章的缩影。教材目录可以非常方便地让读者快速定位到自己感兴趣的章节，并可以较为容易地理解教材的体系结构。

手动编制类似于教材的较长文档目录，需要耗费大量的时间且有一定的弊病，如对文档各级标题的修改，都需要重新修改目录。同时，文档所在页码的变化也需对目录进行更新。因此，自动生成教材目录的方法显得尤为重要。

1.6　录入论文

1.6.1　任务目标

（1）录入如图 1-12 和图 1-13 所示的论文，录入时间为 40 分钟，检查时间为 5 分钟。

> **关于论文排版格式的说明**
>
> 佚名
> 任职单位
> E-mail Address
>
> 【摘要】本文举例说明某学术研讨会论文集所采用的排版格式。论文必须附有摘要。摘要以 200 字为限；11pt 标楷体，左右对齐，行高为固定行高 15pt。
> 【关键词】论文格式；排版技巧；参考文献。
>
> 一篇学术论文按照一定的论文格式可以取得很好的效果，而一篇论文的论文格式排版也是一个关键的问题，好的排版往往可以取得意外的效果，下面就是论文格式排版方面的几点说明。
>
> **一、格式**
> 文章必须采用 A4 大小的纸张，内文宽为 16 厘米，高为 24.7 厘米，若论文篇幅有限制则可以每栏 7.6 厘米的宽度分为二栏。文章排列必须左右对齐，不可参差不齐。
> 文章包括图片、表格、参考文献不可超过 10 页，不加页码。论文格式可到本研讨会网站下载。
> **1. 论文题目与作者**
> 论文题目字形为 14pt 标楷体，且必须居中。作者部分；姓名为 12pt 标楷体，亦必须居中。所属机关为 10pt 标楷体；行高为固定行高 15pt。
> **2. 内文**
> 内文字形均采用 11pt 标楷体。行高为固定行高 15pt。
> **3. 段落标题与子标题**
> 段落标题与子标题须采用粗体。每段标题与子标题前请留一行空白。每一段落首行以 1 厘米缩排开始。
>
> **二、图片、表格与方程式**
>
> **1. 图片**
> 图片可使用一栏或二栏，图题说明必须置于图片下方且居中。
> **2. 表格**
> 表格可以使用一栏或二栏，说明必须置于表格上方且居中。
> **3. 方程式**
> 方程式应居中，并且在上下各留一行空白。方程式应编号，编号靠右对齐并从 1 开始。

图 1-12　论文样文 1

（2）课后作业，完成一篇英文论文的录入与编排。

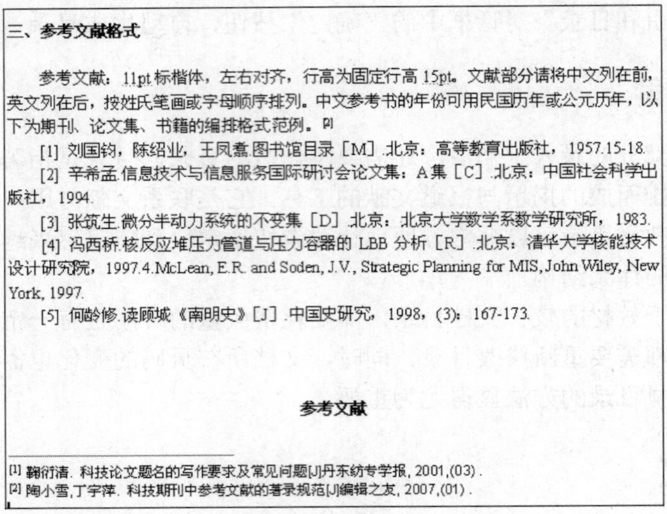
三、参考文献格式

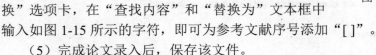

参考文献：11pt 标楷体，左右对齐，行高为固定行高 15pt。文献部分请将中文列在前，英文列在后，按姓氏笔画或字母顺序排列。中文参考书的年份可用民国历年或公元历年，以下为期刊、论文集、书籍的编排格式范例。[2]

[1] 刘国钧，陈绍业，王凤翥.图书馆目录［M］.北京：高等教育出版社，1957.15-18.
[2] 辛希孟.信息技术与信息服务国际研讨会论文集：A 集［C］.北京：中国社会科学出版社，1994.
[3] 张筑生.微分半动力系统的不变集［D］.北京：北京大学数学系数学研究所，1983.
[4] 冯西桥.核反应堆压力管道与压力容器的 LBB 分析［R］.北京：清华大学核能技术设计研究院，1997.4.McLean, E.R. and Soden, J.V., Strategic Planning for MIS, John Wiley, New York, 1997.
[5] 何龄修.读顾城《南明史》［J］.中国史研究，1998，(3)：167-173.

参考文献

[1] 鞠衍清．科技论文题名的写作要求及常见问题[J]丹东纺专学报, 2001,(03)．
[2] 陶小雪,丁宇萍．科技期刊中参考文献的著录规范[J]编辑之友, 2007,(01)．

图 1-13　论文样文 2

1.6.2 工作流程

（1）启动 Word，新建一空白文档，纸张大小为 A4，并根据样文论文所示录入文字。

（2）分别为论文的标题、摘要、关键词、正文等部分设置合适的样式。

（3）添加参考文献，将光标置于文中引用参考文献的位置，选择“插入→引用→脚注和尾注”命令，打开“脚注和尾注”对话框，如图 1-14 所示。选择尾注方式，选择“编号格式”为“1，2，3，…”，在文档结尾插入尾注。单击“插入”按钮，光标移到文档的尾部，输入参考文献详目。

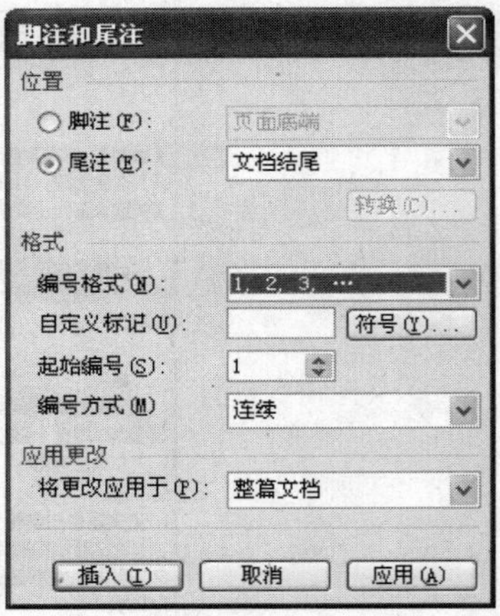

图 1-14　“脚注和尾注”对话框

（4）为参考文献序号添加“[ ]”。选择“编辑→替换”命令，打开“查找和替换”对话框，选择“替换”选项卡，在“查找内容”和“替换为”文本框中输入如图 1-15 所示的字符，即可为参考文献序号添加“[ ]”。

（5）完成论文录入后，保存该文件。

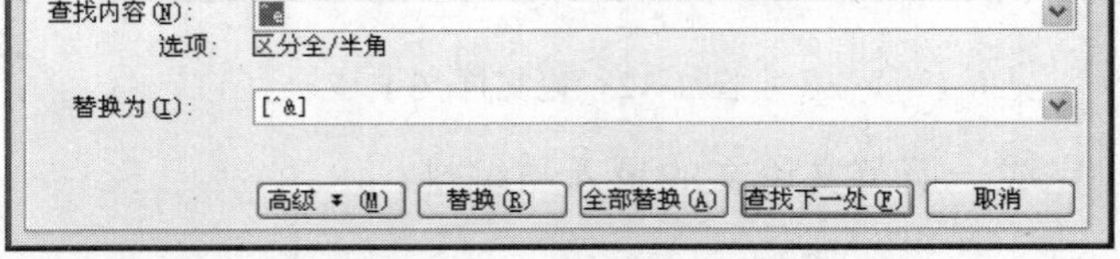

图 1-15　“查找和替换”对话框

1.6.3 知识与技能

1. 论文基本格式与体例要求

论文其实就是一种文章，一种讨论或研究某种问题的文章。它有自己独有的论文格式。下面就是标准的论文格式。

（1）论文题目：（下附署名）要求准确、简练、醒目、新颖。

（2）目录：目录是论文中主要段落的简表（短篇论文不必列目录）。

（3）内容摘要：是文章主要内容的摘录，要求短、精、完整。字数少可几十字，多不超过三百字为宜。

（4）关键词或主题词。

关键词是从论文的题名、提要和正文中选取出来的，是对表述论文的中心内容有实质意义的词汇。关键词是用作计算机系统标引论文内容特征的词语，便于信息系统汇集，以供读者检索。每篇论文一般选取 3～8 个词汇作为关键词，另起一行，排在"摘要"的左下方。

主题词是经过规范化的词，在确定主题词时，要对论文进行主题分析，依照标引和组配规则转换成主题词表中的规范词语（参见《汉语主题词表》和《世界汉语主题词表》）。

（5）论文引言与正文。

引言：引言又称前言、序言和导言，用在论文的开头。引言一般要概括地写出作者意图，说明选题的目的和意义，并指出论文写作的范围。引言要短小精悍，紧扣主题。

论文正文：正文是论文的主体，应包括论点、论据、论证过程和结论。

（6）参考文献。

一篇论文的参考文献是将研究和论文写作中可参考或引证的主要文献资料，列在论文的末尾。标注方式按 GB/T7714—2005《文后参考文献著录规则》进行。

2. 参考文献的规则及注意事项

参考文献的引用为实引制。具体格式主要参考国家质量监督检验检疫总局和中国标准化管委会发布的 GB/T7714—2005《文后参考文献著录规则》，常用主要规则如下。

（1）参考文献著录项目

① 主要责任者（专著作者、论文集主编、学位申报人、专利申请人、报告撰写人、期刊文章作者、析出文章作者）。多个责任者之间以"，"分隔，注意在本项数据中不得出现缩写点"."（英文作者名要写全）。主要责任者只列姓名，其后不加"著"、"编"、"主编"、"合编"等责任说明。

② 参考文献题名及版本（初版省略）。

③ 参考文献类型及载体类型标识。

④ 出版项（出版地、出版者、出版年）。

⑤ 参考文献出处或电子文献的可获得地址。

⑥ 参考文献起止页码。

⑦ 参考文献标准编号（标准号、专利号……）。

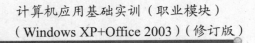
（2）参考文献类型及其标识

以单字母方式标识以下各种参考文献类型：专著采用字母 M、论文集采用字母 C、期刊文章采用字母 J、学位论文采用字母 D。对于专著、论文集中的析出文献，其文献类型标识建议采用单字母 A；对于其他未说明的文献类型，建议采用单字母 Z。

对于数据库（DataBase）、计算机程序（Computer Program）及电子公告（Electronic Bulletin Board）等电子文献类型的参考文献，建议分别用双字母 DB、CP、EB 作为标识。

（3）在正文中参考文献的标注法

① 按正文中引用文献的先后顺序并采用阿拉伯数字连续编码，字体效果为上标，并将序号置于方括号中。

② 同一处引用多篇文献时，将各篇文献的序号在方括号中全部列出，各序号间用"，"分隔。

③ 如遇连续序号，序号间标注起讫号"－"。例如：张三[1]指出……李四[2-3]认为……形成了多种经济学解释[7，9，11-13]……

④ 同一文献在论著中被引用多次，只编 1 个号，引文页码放在"[ ]"外，参考文献表中不再重复著录页码。例如，张××[4]15-17……；张××[4]55……

（4）文后参考文献表编排格式

参考文献按在正文中引用的先后次序列表于文后；以"参考文献"（居中）作为标识；参考文献的序号左顶格，并用数字加方括号表示，如 [1]、[2]、…，以与正文中的指示序号格式一致。参照 ISO 690 及 ISO 690-2，每一参考文献条目的最后均以"."结束。各类参考文献条目的编排格式及示例如下。

[1] 刘国钧，陈绍业，王凤翥.图书馆目录 [M].北京：高等教育出版社，1957.15-18.

[2] 辛希孟.信息技术与信息服务国际研讨会论文集：A 集 [C].北京：中国社会科学出版社，1994.

[3] 张筑生.微分半动力系统的不变集 [D].北京：北京大学数学系数学研究所，1983.

[4] 冯西桥.核反应堆压力管道与压力容器的 LBB 分析 [R].北京：清华大学核能技术设计研究院，1997.

[5] 何龄修.读顾城《南明史》[J].中国史研究，1998，（3）：167-173.

1.7 现场会议记录竞赛

1. 竞赛目的

为了检验学生经过项目实训后计算机文字录入的职业技能，增强学生的就业能力，同时可为参加省市级技能比赛做好选手选拔工作。

2. 竞赛项目

由教师朗读会议记录文稿，选手根据语音快速记录会议情况，在规定的时间内，依据录入的正确率排名次。

3．比赛规则

（1）使用 Word 作为录入软件，时间设定为 10 分钟，不限制输入法。

（2）比赛成绩按正确录入字数的多少计分。对于错、多、缺字或标点符号及多余的空格，均按错字处理，每错 1 字扣 1 分。

（3）教师朗读完文稿后，选手快速整理录入的文档。规定时间一到，立即停止比赛。

4．奖项设置

本次比赛分团体奖、个人奖，具体奖项如下。

（1）团体奖项：团体奖两个组分别设一等奖 1 人、二等奖 2 人、三等奖 3 人（以参赛班级学生的总平均分计算）。

（2）个人奖项：分别设个人一等奖 1 人、二等奖 3 人、三等奖 5 人。

5．竞赛会议记录样稿

××市代表团第一组会议记录

会议名称：小组会议

会议议程：讨论《政府工作报告》

时间：3 月 11 日

地址：第二会议室

主持：刘××

出席：全组代表 13 人

列席：××日报社记者

许××代表说，××县教师去年几次闹事，主要矛盾是上边给政策，下边没有钱，老师的奖金不好兑现。应当说，××整个教育工作在全省不算落后，最大的问题是经费问题。农村中小学除人头费外，其余费用都是由农民负担的。在 5% 的定项限额中，拿出 12% 给教育，比例不算小，有 800 多万元，可是除去了人头费，剩不下几个钱。去年上边要求给教师增加补贴、资金，县里拿不出钱，经多方筹措只兑现了一部分，因而引起教师不满。教师们说，教育是治国之本，教师的地位提高了，为什么连奖金、补贴还解决不了？最后财政拿出一部分，乡镇拿出一部分，学校勤工俭学解决一部分。勤工俭学绝大多数地区没有解决。越是穷的地方，问题越多。

赵××代表说，从××区的情况看，近几年教育事业发展比较快，二部制的问题解决了，倒房的问题也基本上得到解决，但是教学质量普遍不高。区内 7 所中学，唯有三中好一点，小学上中学非常困难。在我们那里，学生进好学校要多交钱，转学也要多交钱。好的学校超额，差的学校没人愿意去。家长对学生读书也失去了信心。条件比较好的东山校，其实那里的老师也很可怜。有时买粉笔没钱，平时上市里开会，车票还得自己报销。靠老师们轮流在收发室卖冰棍，洗理费也只能发 2 元钱。

吕××代表说，从 1984—1988 年的 5 年间，全市教育经费支出 12554 万元，是新中国成立以来投入最多的时期，与其他各项社会事业比较，也是追加投资最多的。尽管如此，教育事业的困难还是挺多。全市不包括两县，超编教师达 690 人。一边是教师超编，另一边是能干的、水平高的教师又特别少。这说明教育本身的大锅饭比较严重。教师不管水平高低，能力大小，够年头就评职称，就长工资。这样不利于鼓励教师钻研业务，提高素质和水平。解决这个问题，光靠财政不行，要在教育系统进行优化组合，富余人员去开辟新的创收门路。要在实行校长负责制下，实行教师聘用制。

王××代表说，目前，在教师和科研队伍中，滥竽充数的太多了。只有初中毕业学历的21岁小姑娘，也成了助理会计师，28岁的高中毕业生也得了个工程师的职称。

王××代表气愤地说，和这些人平起平坐，我真想把自己的工程师证书扔了。

谷××代表说，目前教育方面存在的问题比较多，也比较突出，已经引起了上上下下的高度重视。从现在教育的状况看，未来是可怕的，特别是学校的思想政治工作，德育问题亟待加强。

1.8 知识拓展——速录知识简介

速录师是运用速录技术，从事语音信息实时采集并生成电子文本的人员。中央电视台《东方时空》，北京电视台《城际特快》、《北京特快》、《首都经济报道》，《财经时报》、《华西都市报》、《成都商报》、《天府早报》、《成都晚报》、搜狐网、新浪网、千龙新闻网等先后对计算机速记行业进行过相关的报道，并指出这是"简单技能下的金领收入"。

1. 就业领域

目前速录师主要在几个领域发挥其特殊的记录本领：一是司法系统的庭审记录、询问记录；二是社会各界讨论会、研讨会的现场记录；三是政府部门、各行各业办公会议的现场记录；四是新闻发布会的网络直播；五是网站嘉宾访谈、网上的文字直播；六是外交、公务、商务谈判的全程记录；七是讲座、演讲、串讲的内容记录等。工作范围相当广泛。

2. 职业描述

中文速记这个行业诞生已经有100多年了。传统的速记是由专业人员操作一种符号将语言信息转化成文字信息，由于符号的独特性，记录出来的信息还需进行整理。这样的速度难以满足一些特定场合需要，现在又诞生了新行业——计算机速记，即对语音信息进行不间断采集并实时转换为电子文本信息的一个过程。"言出字现，音落符出"是对计算机速记速度的最好概括。

3. 技能要求

作为一种职业，速录师也不是所有人都能胜任的。根据目前试运行的速录师职业标准，一名合格的速录师需要具备几项职业能力特征：一是需要具有较高的获取、领会和理解外界信息的能力，并具有较高的分析、推理与判断的能力；二是需要具有较高的以文字方式进行有效表述的能力；三是需要具备迅速、准确、灵活地运用手指完成既定操作的能力；四是需要具有根据听觉与视觉信息协调耳、眼、脑、手及身体其他部位，迅速、准确、协调地做出反应，完成既定操作的能力。

可以看出，做一名合格的速录师，对体力、听力、理解力、记忆力、反应能力、协调能力的要求比较高，并不适合年龄偏大者从事。而且在培训初期，每天要练习输入 2 万~3 万字，需要忍受得住寂寞和枯燥。

如果你还具备一定的其他专业知识，或者有英语或其他语言能力，那么在速录行业还将取得更大的发展。"专业知识+速录"，可以在相关专业的展会、研讨会上一展身手；而随着更多世界性展会的召开，也会使"语言能力+速录"成为继"同声传译"后，又一个"金饭碗"。

4. 现状与前景

在国外，速记速录技能是文秘人员必备的基本技能之一，美国速录从业人员达 500 万，几乎 100%的法庭使用速录人员进行现场记录。在日、德、法、英等国，速录技术已被普遍应用。

目前，我国的速录市场前景看好已成了不争的事实，但是，专业速录师人才的奇缺也随着成了该行业的燃眉之急。据了解，某家计算机速记公司开出月薪 4000 元的价码，仍难招到足够的计算机速记员。而深圳一家速录服务公司的网站上，打出了年薪 12 万元招聘特级速录师的广告。诱人的薪水自然吸引了许多求职者，但面对用人单位开出每分钟打 240 字以上的条件，很多求职者只能望而叹息，最终这家用人单位也是无功而返。

目前全国市场上能够独立完成大型会议速记任务的速录师仅有几百人，主要分布在北京、上海、广州等大城市，一些小城市需要速记服务却没有速记员可以聘请的现象经常出现。另外，现有的速录员多数集中在法院等国家机关，社会上从事商业服务的速录人员数量更为稀缺，所以速录员在未来十年里需求量更会大大增加。我国还应该需求 50 万名速录员，人才缺口非常巨大。

另一方面，一个速记员的培训大概需要 18~24 个月，一般分成 3 个阶段：第一阶段约一个月，练习汉字输入和掌握速录技巧；第二阶段持续约 3~4 个月，练习输入文章，以财经新闻为主；第三阶段听打，听朗读文章或听广播、电视新闻，进行记录，速度由慢到快。速记员的培训比较枯燥，有部分学员会中途退却，客观上造成高淘汰率。培训周期长而淘汰率高，人才缺乏就不奇怪了。

5. 职业收入

据了解，速录的最高录入速度可达到 520 字/分钟，而录入速度在每分钟 200 个字以上时，就完全可以实现"语音落、记录完、文稿成"。在北京，这种速录员出来做会议同声记录，收费标准一般是 1200 元/天（7 个小时以内），如果按小时结算，每小时的收费不会低于 200 元。而在刚起步的上海和深圳，收费则更高些，分别在 1500 元/天（7 小时以内）和 3000 元/天左右。一名速录师的月平均收入在 4000 元左右，业务高峰期可逾万元。

6. 培训与认证

速录所借助的是一种特定的录入机，经过相应的培训即能上岗。只要具备中等专科学历，有一定普通话基础，就可以参加培训。

2003 年劳动和社会保障部颁布了《速录师国家职业标准》。新的职业标准分为 3 个等级：速录员、速录师、高级速录师。共设置了速录准备、语音信息采集、文本处理、相关基础知识 4 个模块。与原来的速录等级证书相比，新标准对学员的职业技能要求更高了。每分钟打字初级由 80 字以上提高到了 140 字以上，中级由 140 字以上提高到了 180 字以上，高级由 180 字以上提高到了 220 字以上。正常人的语速每分钟 200 字左右，专业播音甚至能够达到 300 字，速录员录入速度必须达到这个标准。

1.9 综合实战——录入排版学生毕业论文

1.9.1 任务目标

教师提供打印样文——一篇学生毕业论文，学生根据样文格式完成毕业论文的录入与排版。

1.9.2 考核评价

1. 考核标准

具体考核有个人考核和团队协作考核两种方式，成绩共占总成绩的80%。

2. 考核操作流程

首先，选取毕业论文中的第 1 章作为个人考核的样文，时间为 30 分钟。个人考核结束后，随机抽取 5 人组成 1 个团队，开始团队协作考核，由 5 位学生协作完成整个毕业论文的录入与编排，时间为 60 分钟。

3. 考核内容要求及评分比例（见表 1-1）

表 1-1　考核方案

考核项目	考核内容	考核方式	考核要求	占总成绩评分比例
毕业论文的录入与编排	文档文字录入	个人考核	文字录入正确、速度快	20%
	文档格式		段落格式设置正确	20%
	排版技巧——样式		能够正确使用样式	10%
	论文编写规范	团队协作考核	撰写结构是否完整：包括主题名、摘要、关键词、目录、正文、参考文献。各部分是否符合编写规范	10%
	排版技巧——尾注		能够正确使用脚注添加参考文献	10%
	排版技巧——目录		能够正确使用目录编制自动目录	10%

模块 2　组装个人计算机

2.1　职业背景与训练目标

2.1.1　职业背景

随着信息技术的发展，计算机已成为各领域中不可缺少的信息处理工具。使用和维护计算机是信息工作者应具备的基本技能。

掌握计算机的结构，信号流程和工作原理，对于提高信息工作者的效率，运用和开发计算机的潜能是很有用的。特别应熟悉计算机的配置和它们能发挥的功能，进而能解决计算机在使用过程中出现的各种问题。

2.1.2　训练目标

（1）通过组装计算机学习计算机的基本结构和各部件的功能。
（2）了解计算机的基本配置关系，软件和硬件的关系。
（3）掌握计算机主板与各部件的连接关系和装配要求。

2.2　组装计算机硬件

2.2.1　任务目标

了解计算机的组成，掌握计算机各主要部件的功能特点，能够自己动手组装计算机，能够使用基本计算机操作系统。

2.2.2　计算机主板的组装流程

1. 安装 CPU

将主板放置在平坦的桌面上，为了避免主板背部的接点因安装时受力过大而损坏，通常，将随主板附带的海绵软垫垫在主板下。

打开包装盒，如图 2-1 所示，左侧体积较大的部件是 CPU 的散热装置；右侧体积较小的芯片就是 CPU。

图 2-2 所示为 CPU 的散热装置（近图）。它由散热器和散热风扇构成。正常工作时，散热器紧贴 CPU 的表面，可以起到很好的导热作用；散热风扇，则可以起到很好的散热作用。

图 2-3 所示为 CPU 芯片，它大致呈方形，可以看到有一个金三角标志，反面是它的引脚。

图 2-4 所示，在带有金三角标志的一端，它的引脚数较其他 3 个顶端略少。

图 2-1　CPU 及风扇在盒内的外观图

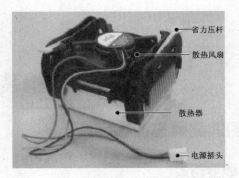

图 2-2　风扇的外观图

图 2-3　CPU 上的金属标志

图 2-4　反面的针脚对照

24

　　图 2-5 所示，在主板 CPU 插座的一角，靠近压杆顶端处也有一个三角的标志，它正好与 CPU 上的三角标志相对应。

　　安装时，先将 CPU 插座旁的压杆向外侧搬动一点，然后向上抬起 90°，如图 2-6 所示。

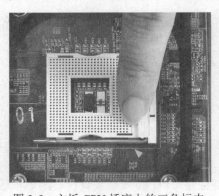

图 2-5　主板 CPU 插座上的三角标志

图 2-6　搬开压杆

　　把 CPU 小心地放入插座内。放入时要注意，CPU 上的三角标志要与插座上的三角标志相互对应，如图 2-7 所示。通常，如果 CPU 放入的位置正确，会很顺利地放置到 CPU 插座中，不需要用手向下按压；如果没有顺利地放置到插槽中，应检查插入方向是否正确，并将 CPU 重新对位后再次小心放入，千万不要用力按压，否则很容易造成 CPU 引脚的弯曲甚至断裂。

确认 CPU 安放好后，压下压杆，CPU 就被固定在插座上了，如图 2-8 所示。

图 2-7　将 CPU 放入插座上　　　　　　图 2-8　CPU 安装完成图

接下来，为 CPU 安装散热器。如图 2-9 所示，在 CPU 插座的四周均有一个黑色的支架，它们就是为安装散热器提供的。

在 4 个支架处都有一个卡位，正好与 CPU 散热器上的支架卡子相对应，如图 2-10 所示。

安装时，将位置对应好，垂直向下，如图 2-11 所示，直至散热器四周的卡子与位于主板 CPU 插座四围的支架卡紧。

确认安装到位后，如图 2-12 所示，将散热器顶部的两个省力型压杆对应搬动 180°，使散热器的散热片与 CPU 芯片表面紧紧相贴，这样 CPU 和散热器就被牢牢地固定在主板上了。

最后，将散热器风扇的电源插头插到主板供电的专用风扇电源插座上（见图 2-13），由于风扇的电源插头也采用了定向式设计，它与主板风扇电源插座正好对应，小心插入就可以了。图 2-14 所示为 CPU 安装完成图。

图 2-9　风扇的支架　　　　　　图 2-10　风扇与支架卡子的对照图

图 2-11　垂直安装图

模块 2　组装个人计算机

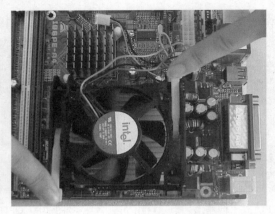

图 2-12　搬动压杆

图 2-13　插上风扇的电源插头

图 2-14　CPU 安装完成图

26

2. 安装内存

　　通常，在内存插槽的旁边，都会有文字标识，如图 2-15 所示。在插入内存条时，一般要从标识为 1 的插槽处插起，即如果需要插入一条内存，则应将其插入标识为 1 的内存插槽中。

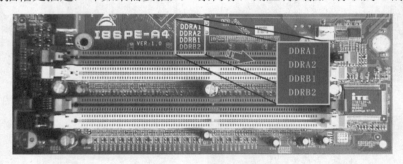

图 2-15　文字标识

　　插入内存条时，先将内存插槽两边的卡子搬开，如图 2-16 所示。

　　然后，按照正确的方向将内存条对准插槽垂直插入。插入时，用双手拇指均匀用力按压内存条两端，如图 2-17 所示。

图 2-16　搬开内存插槽的卡子

图 2-17　垂直插入内存条

　　将内存条压入内存插槽中，压入到位后，插槽两端的卡子会自动弹起，卡住内存条两侧的缺口，内存条固定在内存插槽中后，如图 2-18 所示。

图 2-18　固定内存条的卡子

3. 安装主板

　　将机箱背部的接口挡板卸下，如图 2-19 所示，由于这个挡板只有几个焊点固定，因此卸下并不困难，用手小心地来回搬动即可。注意，不要用力过猛，以免让金属框将手划伤。

　　挡板取下后，将主板附带的专用接口挡板装上，其外形如图 2-20 所示。由于不同主板的接口位置不尽相同，因此，主板盒中都附带有专用的接口挡板，它也算是主板的附带组件之一。

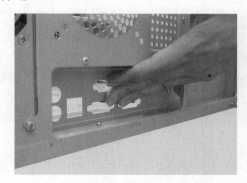
图 2-19　卸下机箱挡板

图 2-20　附带的专用接口挡板

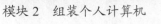

安装时，将挡板光滑的一侧朝外，推入到相应的位置，使挡板周围的槽口与机箱接口处的槽口完全咬合，如图 2-21 所示。

接口挡板安装好后，开始固定主板。如图 2-22 所示，要根据主板的尺寸在机箱上选择相应的定位螺孔，然后将固定螺柱或塑料卡子安装到事先选定的相应位置。

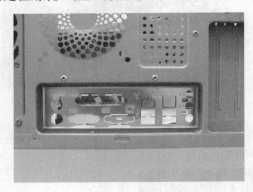 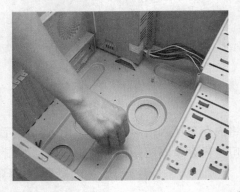

图 2-21　安装后的挡板　　　　　　　　图 2-22　安装固定螺柱

固定螺柱安装好后，放入主板，如图 2-23 所示。放入时要小心，同时要特别注意主板的接口一定要与机箱背部留出的接口位置很好地对应。

主板放置好后，再检查一下主板上的固定螺孔是否与事先安装好的固定螺柱位置吻合。最后，拧上固定螺钉（见图 2-24），主板就固定好了。

图 2-23　放入主板　　　　　　　　　　图 2-24　固定螺丝

4. 安装显卡

在安装显卡前，我们先将机箱后部对应显卡处的挡板卸下，如图 2-25 所示。

如图 2-26 所示，是一块典型的显卡，大大的散热装置位于显示芯片表面，非常明显。

插入时，两手轻轻抓住显卡的边缘，如图 2-27 所示，让显卡的 AGP 接口与主板上的 AGP 插槽完全对应，然后均匀用力向下按压，将显卡插牢在 AGP 的插槽中。然后，拧紧螺钉固定就可以了。

图 2-25　卸下显卡处的挡板

图 2-26　AGP 显卡

图 2-27　插入显卡

5．安装硬盘

　　硬盘通常为方形设计结构，在它的表面上有一个标签，标示了硬盘的品牌、容量、跳线设置及硬盘规格等相关信息。将硬盘转过来，数据线接口和电源线接口等都位于其后部，如图 2-28 所示。

　　在安装硬盘时，首先根据实际需要对硬盘设置主从跳线，由于在这里我们只安装一块硬盘，并单独使用一个 IDE 接口，因此，可将硬盘设为主设备。具体的跳线设置，可以参看硬盘表面的跳线设置说明。用镊子将跳线帽插入到相应的位置，即完成跳线设置，如图 2-29 所示。

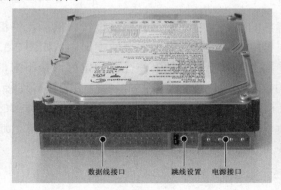

数据线接口　　跳线设置　电源接口

图 2-28　硬盘的背部接口

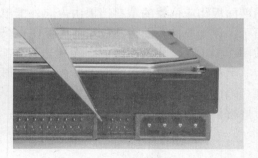

图 2-29　跳线帽的设置

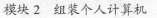

模块 2　组装个人计算机

设置完毕，将硬盘标签一面朝上，如图 2-30 所示，小心地从机箱里面推入金属架，并用螺丝固定。

图 2-30　安装硬盘

接下来，连接数据线，如图 2-31 所示。硬盘数据线上有一个凸起标志，正好与主板上的 IDE 接口对应，将硬盘数据线的一端插入 IDE1 接口内。

硬盘数据线的另一端与硬盘背面的数据线接口进行连接，如图 2-32 所示。连接时，插入方向，也可用彩线一侧对应接口处一脚的识别方法进行插入连接。

图 2-31　数据线与主板的连接　　　　图 2-32　硬盘与数据线连接

6. 安装光驱或光盘刻录机

光驱的安装与硬盘类似，首先通过光驱背部的跳线，对光驱进行主从设置。然后，将机箱前面板相应位置的塑料挡板由内向外推出，再将光驱从外向里推入金属支架中，如图 2-33 所示。让光驱控制面板与机箱前面板在一个平面上，拧上固定螺钉将光驱固定好。接下来，按图 2-34 所示，将数据线的一端接光驱背部的数据接口，另一端与主板上的 IDE2 接口连接。

另外，在光驱的背部还附带有一条音频连接线，如图 2-35 所示。它的一端接光驱背部的音频输出端口，由于该主板上集成了声卡，所以另一端与主板上的音频接口连接。这样，通过连接到主板集成声卡上的音频播放设备，即可播放光驱中的 CD 音乐了。

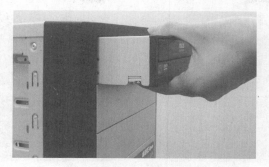

图 2-33　将光驱推入金属架

图 2-34　将数据线与光驱相连

图 2-35　音频连线与光驱及声卡的连接

　　值得一提的是，目前许多计算机都将声卡集成到了主板上，用户可以根据主板说明书中的提示完成连接过程。

7．安装软驱

　　首先，从机箱内部，由里向外将挡板卸下，然后，将软驱小心插入到相应位置，如图 2-36 所示。

　　适当地调整软驱的位置，使软驱的小面板与主面板齐平，用螺丝将软驱固定在金属架上。

　　接下来，连接软驱的数据线。如图 2-37 所示，插头的一端有一个防止插错的凸起式设计；相应地，在主板的软驱插槽处有一个缺口，将它们对应好插入即可。

图 2-36　将软驱插入到相应位置

图 2-37　数据线与主板的缺口对照

电缆另一端的插头，有几根线扭转了 180°，这一端是与软驱背部接口连接的。连接时，要注意插入的方向，最基本的判别方法是观察数据线。如图 2-38 所示，其中一排数据线的一侧，有一根彩线（在这里为红色），这表示位于这一侧的对应接口为 1，同样在相关的设备接口处也可以找到对应的"1"脚标识，只要将它们对应连接，就不会插错了。

图 2-38　数据线与软驱的连接

8．电源的安装连接

通常，电源的安装过程比较简单，先将机箱放稳，卸下机箱挡板，在机箱的左上角是安装电源的地方。按图 2-39 所示，将电源小心地放入相应位置，然后稍微调整电源的位置角度，使电源上的螺丝定位孔与机箱上的固定螺孔对应，用螺丝固定即可。

图 2-39　安装电源

电源有许多不同的电源接口，分别为不同的外设供电，其中，外形最大的双列插头是为主板供电的。插头的一侧有一个拃钩，对应于主板电源插座处的凸起挡扣。插入时，如图 2-40 所示，用手扭住拃钩的钩柄，让拃钩前端抬起，对准主板电源插座处的凸起挡扣，插入电源插头。

当插头到位后，把手松开，就将电源插头固定在主板电源插座上了，如图 2-41 所示。

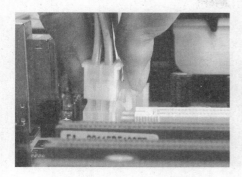

图 2-40　插入 20 芯双列插头

图 2-41　插入后的 20 芯双列插头

接下来，连接光驱和硬盘的电源线都采用 D 型大 4 芯电源插头。图 2-42 所示为大 4 芯电源插头和小 4 芯电源插头，它们分别用来为 IDE 设备和软驱供电。连接时，对应插入就可以了。

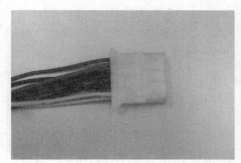
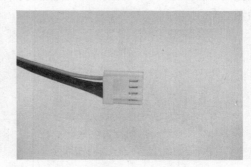

图 2-42　大 4 芯电源插头和小 4 芯电源插头

9. 机箱线的连接

每个机箱内部都有一小捆各种颜色的连接线，如图 2-43 所示，这些线是用来连接机箱上的控制开关和各种指示灯的。

引线插头处标有"SPEAKER"的是 PC 喇叭控制线，根据主板提供的说明书进行操作，将"SPEAKER"插头插到标有"SPK"字符的位置。具体操作如图 2-44 所示。

图 2-43　机箱内的各种连接线

图 2-44　"SPEAKER"引线的插口连接图

"SPK"插口旁边的两个插口为"HLED"，有些主板会标记为"H.D.D LED"，这是硬盘指示灯的连接引线。将引线红色的一端对应插入标记有"+"的插口一侧，如图 2-45 所示。

如图 2-46 所示，标记为"RST"的插口，是用于重启控制的。将相应的插头对应插入该插口处。

图 2-45　"H.D.D LED"引线的插口连接图　　图 2-46　"RESET SW"引线的插口连接图

　　此外，标识为"POW-LED"的引线，正好与"POWER LED"插头相对应。这是电源指示灯的引线，图 2-47 所示为具体连接操作。

　　标记为"POWER SW"的插头是电源开关控制插头，将相同标记的引线对应插入，具体操作如图 2-48 所示。

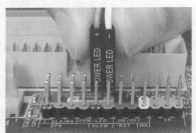
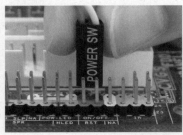

图 2-47　"POWER LED"和"POW-LED"引线的插口连接图　图 2-48　"POWER SW"引线的插口连接图

10．输入输出设备的连接

　　主机中的主要部件全部安装连接完毕，机箱与主板的连接也全部就绪，就可以将机箱盖重新上好，并将固定螺钉拧紧。接下来，连接键盘、鼠标、显示器等外部设备，机箱的背部是主板的 I/O 接口部分，目前所有的接口标准都遵循统一的规范，所以不同的接口都用颜色加以标识，如图 2-49 所示。

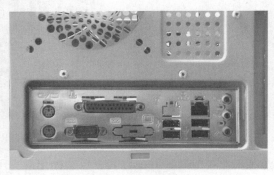

图 2-49　机箱背部的 I/O 接口

（1）鼠标、键盘的连接

如图 2-50 所示，在上方的两个圆形接口分别为 PS2 键盘接口和 PS2 鼠标接口。它们分别用于连接 PS2 键盘和 PS2 鼠标，根据规定，键盘接口一般都用紫色标识，鼠标接口则用绿色标识。除此以外，连接时也可遵循键盘靠外，鼠标靠里的原则，即键盘接口的位置一般都会位于靠外的一侧，而鼠标的接口位置就相对靠里。

键盘接口处的接口形状与键盘接头处的针脚位置相对应，小心插入，如图 2-51 所示，如果不能顺利插入说明针脚位置没有对应良好，在这种情况下不要用力强行插入；否则，会损毁键盘接头或主板接口，适当调整角度再小心插入即可。

图 2-50　插入键盘

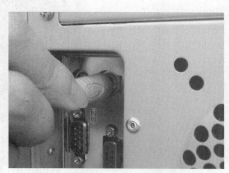
图 2-51　插入鼠标

（2）显示器的连接

接下来，连接显示器。计算机的显示器有两个引线，如图 2-52 所示，其中一根是 15 针的信号线，它需要与显卡连接；另一根是电源线，连接到主机电源上或直接接到电源插座上。

图 2-52　插入信号线

2.3　安装 Windows XP 操作系统

2.3.1　任务目标

了解计算机的系统，能够自己动手安装操作系统，能够基本使用 Windows XP 操作系统。

2.3.2　Windows XP 操作系统的安装步骤

下面是 Windows XP 操作系统的安装步骤。

1. 安装 Windows XP 操作系统首先要进行 BIOS 设置，将启动顺序设置为光盘启动，然后放入 Windows XP 安装光盘，如图 2-53 所示。重新启动计算机，Windows XP 安装光盘会自动运行，并开始检测计算机的各个硬件，以确定该计算机的硬件是否满足 Windows XP 的要求。

图 2-53　放入安装光盘

2. 系统检测硬件完毕后进入 Windows XP 的安装界面，如图 2-54 所示，Windows XP 安装界面中提供了 3 个选项提示：第 1 项"要现在安装 Windows XP，请按 ENTER 键。"；第 2 项"要用'恢复控制台'恢复 Windows XP 安装，请按 R。"；第 3 项"要退出安装程序，不安装 Windows XP，请按 F3。"在这里按下"Enter"键开始安装。

3. 再检测一下系统的大小，检测合格安装程序给出 Windows XP 安装许可协议，如图 2-55 所示。按照提示按"Page Down"键，逐页看完许可协议内容，如果没有问题按"F8"键同意。

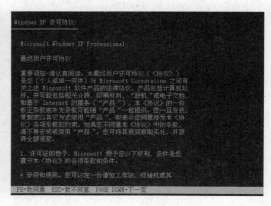

图 2-54　Windows XP 的安装界面　　　　图 2-55　Windows XP 的安装许可协议

4. 然后进入 Windows XP 下一步的安装步骤，如图 2-56 所示，是在接收了 Windows XP 安装许可协议后，安装程序显示当前硬盘分区信息，以及未划分的空间信息等内容。同时出现 3 个选项：第 1 项"要在所选项目上安装 Windows XP，请按 ENTER。"；第 2 项"要在尚未划分的空间中创建磁盘分区，请按 C。"；第 3 项"删除所选磁盘分区，请按 D。"。用户可以根据自己的实际情况，选择安装 Windows XP 的磁盘分区，在此默认在 C 盘分区上安装 Windows XP，则直接按"Enter"键确认即可。

5. 一般 NTFS 分区能够更好地配合 Windows XP 系统，如图 2-57 所示，通过键盘上的上下方向键选择用 NTFS 文件系统格式化磁盘分区，然后按"Enter"键确认。

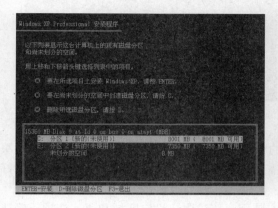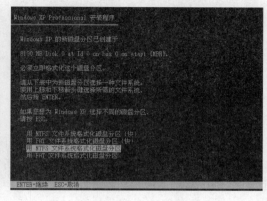

图 2-56 选择要安装 Windows XP 的硬盘　　　　图 2-57 选择 NTFS 分区的界面

6. 安装程序会将该磁盘分区格式化为 NTFS 分区。但在格式化之前，系统会显示提示信息，提示用户若继续，则该磁盘分区上的所有数据将会丢失。按"F"键确认便可进行格式化，如图 2-58 所示。

7. 格式化完成后，系统开始将文件复制到 Windows 安装文件夹中，如图 2-59 所示。文件复制完成后，安装程序将对 Windows XP 进行初始化配置。

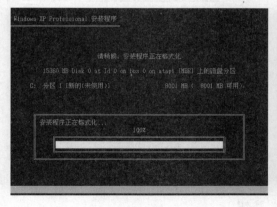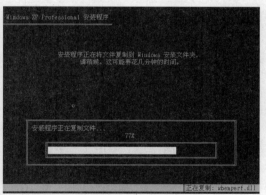

图 2-58 进行格式化　　　　　　　　　　图 2-59 复制文件

8. 待初始化配置完成后，系统会自动重新启动，如图 2-60 所示。

9. 计算机重新启动后，正式进入 Windows XP 安装程序，如图 2-61 所示，计算机显示器屏幕上会显示 Windows XP 的新增功能信息。

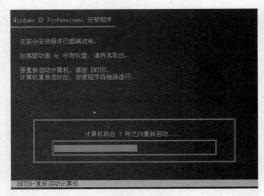 

图 2-60　重启计算机　　　　　　图 2-61　进入 Windows XP 安装程序

10. 安装过程通常会需要一段时间，时间的长短主要由当前计算机的系统配置高低所决定，在屏幕信息左侧，程序会随时提供安装所需要的时间，用户可以利用这一段时间，好好阅读一下 Windows XP 的功能介绍。

11. 在安装功能的后期，如图 2-62 所示，安装程序要求用户设定区域和语言选项，确认完成，单击"下一步"按钮。

12. 如图 2-63 所示，程序出现"Windows XP Professional 安装程序"对话框，该对话框主要是在"姓名"文本框中输入用户名称，在"单位"文本框中输入用户单位名称。该对话框主要是 Windows XP 系统收集用户的相关信息，用户根据自己的实际情况填写相关内容。

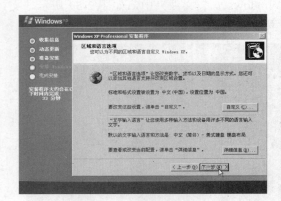 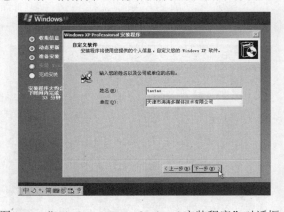

图 2-62　设置区域和语言选项　　　图 2-63　"Windows XP Professional 安装程序"对话框

13. 文本信息输入完毕后，单击"下一步"按钮。

14. 出现"您的产品密钥"对话框，如图 2-64 所示，在其中输入 Windows XP 的产品密钥。通常，产品密钥是在 Windows CD 包装背面的黄色不干胶纸上。

15. 输入产品密钥后，单击"下一步"按钮，出现"计算机名和系统管理员密码"对话框，如图 2-65 所示，安装程序提示用户设定计算机名和系统管理员密码。

16. 设定完成后，单击"下一步"按钮，出现"日期和时间设置"对话框，用户可以按照提示设定系统的时间，如图 2-66 所示。

17. 设定时间后，单击"下一步"按钮，安装程序将根据用户提供的信息安装网络。安装网络完成后，会自动弹出"网络设置"对话框，如图 2-67 所示，用户可根据自己的需要选择设置的类式，在此直接单击"下一步"按钮。

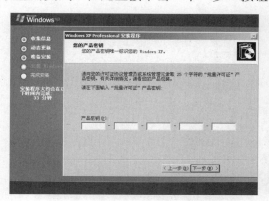

图 2-64 "您的产品密钥"对话框

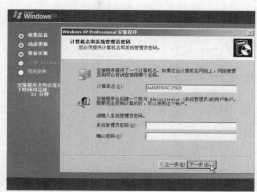

图 2-65 "计算机名和系统管理员密码"对话框

图 2-66 "日期和时间设置"对话框

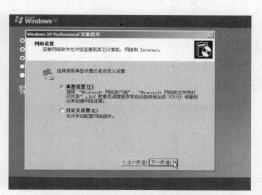

图 2-67 "网络设置"对话框

18. 出现"工作组或计算机域"对话框，如图 2-68 所示，设置完成单击"下一步"按钮，系统会自动完成最后阶段的安装。

19. 安装结束后，Windows XP 会自动调整用户屏幕的分辨率，进入 Windows XP 的启动界面，如图 2-69 所示。

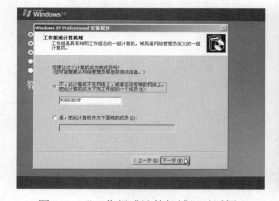

图 2-68 "工作组或计算机域"对话框

图 2-69 Windows XP 启动界面

20. 随后进入 Windows XP 的欢迎界面，单击"下一步"按钮，如图 2-70 所示。

21. 进入 Windows XP 的网络设置界面，如图 2-71 所示，若不想设置，可单击"跳过"按钮。

图 2-70　Windows XP 的欢迎界面　　　　图 2-71　Windows XP 的设置界面

22. 进入计算机用户账号设定界面，设置计算机的用户账号，单击"下一步"按钮，如图 2-72 所示。

23. 进入 Windows XP 安装结束界面，在该界面中单击"完成"按钮，如图 2-73 所示，结束 Windows XP 的安装。

图 2-72　Windows XP 用户账号设置　　　　图 2-73　Windows XP 安装结束界面

24. Windows XP 安装结束后，会自动进入 Windows XP 的操作系统界面，如图 2-74 所示，Windows XP 就安装完成了。

2.4　综合实战

2.4.1　组装一台计算机主机

利用手头现有的材料，组装一台完整的计算机。

2.4.2　考核评价

（1）基本要求：能够独立完成计算机系统的组装，保证设备正常运行。

（2）细节要求：外设的安装合理，能够考虑到功耗、散热、安全等因素，连接线缆捆扎标准化。

（3）扩展要求：对计算机硬件选配合理，能够对计算机的运行环境进行优化设置，对计算机软件系统中除操作系统外，还有一些实用软件（如工具软件、杀毒软件等）的安装。

模块 3　组建网络系统

3.1　职业背景与训练目标

3.1.1　职业背景

目前网络通信是人们工作、生活和娱乐中进行信息交流的重要手段。因而网络设备及其系统是实现网络通信的硬件和软件环境。组建网络系统（特别是局域网），保障网络系统的正常运行，处理网络系统中的软件问题和硬件故障，是计算机使用和维护人员应具备的技能。

3.1.2　训练目标

（1）通过构建一个小型的局域网系统，了解网络系统的组成，以及各部分的功能。
（2）了解局域网需要的基本设备和器材。
（3）掌握局域网的组建方法，设备架设和相互连接的方法，以及网线的制作技能。
（4）掌握局域网的调试方法。

3.2　组建网络系统的工作流程

3.2.1　任务目标

（1）能够制作电缆和各种网络传输线，并能正确地连接网络中各种设备。
（2）能够组建小型的局域网、安装网卡、进行布线，并能对网络进行设置。
（3）能够解决网络构建过程中出现的硬件和软件问题。

3.2.2　网络传输组建的连接与制作流程

1. 双绞线的端接方法

在采用双绞线进行局域网连接时，通常双绞线不能直接使用，它必须制作成符合标准的网线接头后，才能与网卡、集线器等网络设备进行连接，实现正常的网络通信。图 3-1 所示为双绞线使用的 RJ-45 接头。由于它外表晶莹透亮，所以也常把该接头称为"水晶头"。将水晶头分别按规则正确连接到双绞线的两端，就完成了双绞线的端接制作。因此双绞线的端接过程，也可以看成水晶头的制作过程。

下面具体介绍双绞线的端接过程。

（1）图 3-2 所示是双绞线钳。它可以完成剪线、剥线和压线的操作，是制作双绞线时的主要工具。

图 3-1　RJ-45 接头

图 3-2　双绞线钳

（2）将双绞线的一端从双绞线钳的剥线缺口中穿过，如图 3-3 所示，使一段双绞线位于网钳缺口的另一侧，长度约为 2cm 左右即可。注意穿过时网线不要弯曲。

（3）待位置确定好后合紧双铰线钳，使双铰线钳剥皮缺口处的刀口压紧双绞线的外层保护胶，然后将双铰线钳环绕双绞线旋转一周，双绞线外层保护胶皮即被割开。操作过程如图 3-4 所示。

图 3-3　剥线方法

图 3-4　割开保护胶皮

图 3-5　4 对导线组

（4）剥除外保护胶皮可以看到，双绞线内部是由 4 对两两缠绕的导线组成的（见图 3-5），共 8 根，分别以不同颜色进行标识。

（5）将 4 对 8 根导线分开并按规则排列顺序。通常双绞线有两种顺序标准。如图 3-6 所示，分别为 T568A 和 T568B 的线序标准。在实际操作中，可以按照习惯或设备上标识的端接方式来确定采用何种线序标准进行理线。

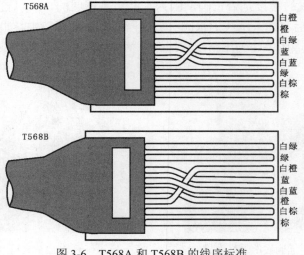

图 3-6　T568A 和 T568B 的线序标准

（6）图 3-7 所示为根据 T568A 线序标准排列整理的线序。注意，理线不仅要确保线序符合标准，同时一定要保证每根导线都按平行顺序排列，且不可有弯曲或堆叠交叉的情况。

（7）将 8 根导线理好后，用双绞线钳的剪线切口将 8 根导线的末端剪齐。剪线还要注意8 根导线平直排列部分的长度为 1cm 左右即可，线不能剪得过多，如图 3-8 所示，确保交叉处距外表层的距离不超过 0.4cm。

（8）图 3-9 所示为剪切后的实际效果。

（9）导线剪好后，仍然保持平直排列状态。如图 3-10 所示，小心地将 8 根导线全部插入水晶头内。

图 3-7　T568A 线序

图 3-8　用双铰线钳剪线

图 3-9　剪切后的效果

图 3-10　导线插入水晶头

（10）插入时确保导线不要错位，并且保证导线要插到底，最终效果如图 3-11 所示。

（11）检查双绞线的端接是否正确，因为水晶头是透明的，所以透过水晶头即可检查插线的效果。确认无误后将插入网线的水晶头放入网钳的压线槽口中，如图 3-12 所示。确认水晶头位置设置良好后，用手使劲压下双铰线钳手柄，确保水晶头的压线铜片都插入网线导线中，使其接触良好。

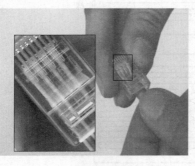

图 3-11　插到底的最终效果

图 3-12　夹压水晶头

（12）按照相同的步骤，完成另一端双绞线的端接。

需要指出的是，由于是两个端口，如果两个端口都使用 T568A 线序标准制作，我们通常称此类网线为直通线；而如果采用不同的线序标准制作两端接头，这类网线称为交叉线。

一般直通线用于网卡与集线器、交换机信息模块等网络环境，而交叉线一般用于两个网卡或网络设备的级联。

2. 信息模块的端接方法

图 3-13 所示为信息模块的外观结构图，它通常当作网线的转接插头使用。

图 3-13　信息模块外观

如图 3-14 所示是信息模块的面板。信息模块的端接应用十分普遍。例如，在小区或公司的局域网布线完成后，如图 3-15 中的电源线一样，在墙上也会预留出网线的插头，这个接头就需要按照正确的标准与信息模块相连，然后通过面板固定在墙上。

45

图 3-14　信息模块面板

下面我们具体介绍信息模块的端接方法。

（1）如图 3-16 所示，这是常用的打线工具。与双绞线水晶头的制作不同，信息模块的端接需要使用打线工具将导线按标准一根根地压合到信息模块的压合点上。

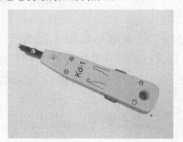

图 3-15　墙壁上的网线接头　　　　　　图 3-16　打线工具

（2）与双绞线端接时相似，信息模块的端接也有 T568A 和 T568B 两种标准，如图 3-17 所示，通常模块生产厂商会根据 T568A、T568B 标准，在信息模块的两侧会标明双绞线打线的颜色标号。

（3）将双绞线末端受损或变形的部分用剪线工具剪去，使双绞线齐整，操作如图 3-18 所示。

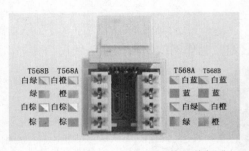

图 3-17 T568A 和 T568B 的打线标准

图 3-18 剪线

（4）用剥线工具将距该端 6cm 左右的外保护胶皮剥去。注意，不必急着将 4 对寻线全部拆开，为确保打线时方便操作，可在需要打线时再将相应的对线拆开。然后，按照 T568B 的标准进行打线，先将标记为绿/白绿的对线挑出并拆开，按照模块侧面标记的规则把分开的导线平拉后小心置入相应的线槽内。具体操作如图 3-19 所示。

（5）确认两条导线放好后，按图 3-20 所示，用打线工具将已放好的导线压入线槽的金属卡片中卡好。压入时要注意打线工具的压入方向，使打线工具的切线刀口位于模块的外侧，从而使打线工具的压线刀口能够顺利完成压线过程，同时也可将模块外侧探出的多余导线切除。当导线被压入后会听到一声清脆的喀喀声，即表示导线压入到位。

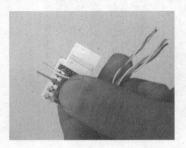

图 3-19 将绿/白绿线置入相应的线槽

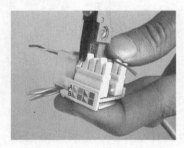

图 3-20 将导线压入线槽

（6）按照步骤（5）的操作方法，将剩余的导线依次压入到相应的线槽中，最终效果如图 3-21 所示。

（7）打线工作完成后如图 3-22 所示，将信息模块固定到模块面板上。通常模块面板对应模块安装的部位都采用卡扣设计，将模块按正常方向卡紧在相应卡位上即可完成固定。

（8）如图 3-23 所示，将模块与模块底盒固定后，再盖上保护盖，信息模块的端接就完成了。

图 3-21　最终完成效果

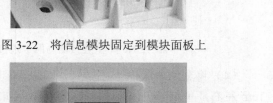

图 3-22　将信息模块固定到模块面板上

图 3-23　与模块底盒固定

3．BNC 同轴电缆的端接方法

BNC 同轴电缆在早期网络建组时，是应用十分普遍的传输介质，但随着网络的发展 BNC 同轴电缆由于其可靠性和扩展性较差，且故障难以诊断等诸多原因，已不再被广泛采用。下面我们就简单介绍 BNC 同轴电缆的端接方法。

（1）如图 3-24 所示，分别是 BNC 连接插头和 BNC-T 型连接器。它们是 BNC 同轴电缆接端的重要部分。

图 3-24　BNC 连接插头和 BNC-T 型连接器

（2）BNC 连接插头分别装在 BNC 同轴电缆的两端。在进行网络连接时，两根带有 BNC 连接插头的同轴电缆分别按在 BNC-T 型连接器的两端。而 BNC-T 型连接器的另外一个接头正好与网卡相连，图 3-25 所示为 BNC 同轴电缆的连接示意图。

（3）端接时，用剥线工具将距电缆端点 1.5cm 左右的外胶皮剥去露出金属屏蔽网，如图 3-26 所示。

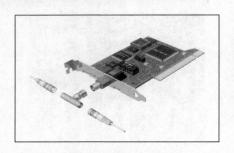

图 3-25　BNC-T 型连接器与网卡连接

图 3-26　电缆端点

（4）将金属屏蔽网小心掀开，可以看到在屏蔽网的里面还有一个绝缘层，将绝缘层剥去 1cm 左右，使内部的线芯裸露，最终效果如图 3-27 所示。

（5）如图 3-28 所示，这就是 BNC 同轴电缆的连接插头。将后部的屏蔽金属套拧下，在插头中还有一个绝缘套。

图 3-27　同轴电缆的线芯

图 3-28　BNC 的连接插头

（6）按图 3-29 所示，先将屏蔽金属套套入同轴电缆使屏蔽网反套在屏蔽金属套外，起接地作用，并把绝缘套套在线芯上，使线芯的顶部能够露出 0.3cm 左右。

（7）将套有绝缘套的线芯直接插入连接插头内的尾孔中，操作如图 3-30 所示。

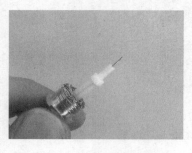

图 3-29　套上绝缘套

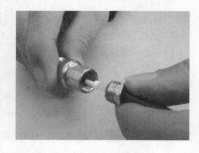

图 3-30　插入连接插头

（8）将屏蔽金属套于连接插头拧紧即可，其效果如图 3-31 所示。

（9）另外，还有一种 BNC 插头的屏蔽金属套不是螺丝扣设计。它通常需要使用专门的卡线钳将其夹紧，图 3-32 所示为卡线钳的外观示意图。

用卡线钳上的六边形卡口，用力夹紧金属套，直至金属套被夹成六边形，即完成最终固定。

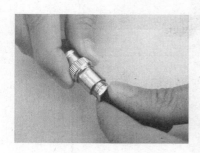

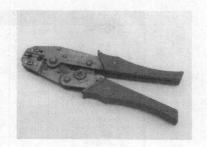

图 3-31   拧紧连接插头   图 3-32   卡线钳

3.2.3   小型局域网的组建流程

在前面已经介绍了网线的制作及网络连接等组建计算机网络的基础知识，下面具体介绍如何组建小型的计算机网络。

计算机网络按工作模式的不同主要分为两种：对等模式和客户机／服务器模式。一般在家庭或小型企业中通常采用对等模式构建对等网。而大中型企业的网络更注重的是文件资源管理和系统资源安全等方面的问题，所以通常采用客户机／服务器模式。相比之下，对等网的网络实现较为简单，它对网络环境的要求较低容易组建。下面就以对等网为例，介绍组建网络的具体过程。

1．组建网络环境

对等网是最简单的计算机网络，在对等网中，其计算机的数量一般不会超过 20 台；网络中每台计算机都具有相同功能，无主从之分；网上任意节点计算机既可以作为网络服务器，为其他计算机提供资源，也可以作为工作站，以分享其他服务器的资源；任一台计算机均可同时兼作服务器和工作站，也可只作其中之一。在资源共享方面，对等网可以实现对文件、打印机等资源，以及服务的共享。

（1）网卡的安装

目前，使用的网卡基本上是 PCI 总线网卡，它的安装方法与其他 PCI 板卡的安装类似，将板卡插入计算机主板上的空闲 PCI 插槽上即可。

网卡的物理安装完毕后，接下来为网卡安装驱动程序。目前，尤其是在 Windows XP 操作系统中已经提供了足够的硬件设备驱动程序。通常硬件安装完系统，便会自动完成相应驱动程序的安装。但很多时候，为了确保网卡的全部功能得以彻底发挥，建议还是使用生产厂家自带的驱动安装程序。具体安装方法如下。

① 用鼠标右击"我的电脑"，从弹出快捷菜单中选择"属性"命令，在"硬件"选项卡中单击"设备管理器"按钮，如图 3-33 所示，便会弹出"设备管理器"对话框。

② 在弹出的"设备管理器"对话框中，可以看到当前计算机安装的所有硬件设备，此时双击硬件列表中的"网络适配器"，如图 3-34 所示，便会在其列表中显现出本地计算机已安装的网卡。

③ 用鼠标右击此网卡，并在弹出的快捷菜单中选择"更新驱动程序"命令。如图 3-35 所示，弹出"硬件更新向导"对话框。

图 3-33　"设备管理器"对话框

图 3-34　显示本地机安装的网卡

50

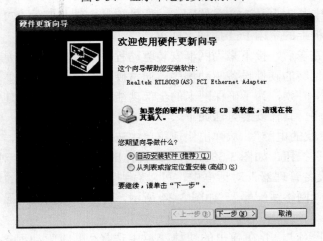

图 3-35　"硬件更新向导"对话框

④ "硬件更新向导"对话框中提供了"自动安装软件"和"从列表或指定位置安装"两个选项，选中后者并指定安装驱动程序的位置，单击 下一步(N) > 按钮，便会弹出"硬件更新向导"对话框的 2 级窗口，如图 3-36 所示。

⑤ 在该窗口中选择"搜索可移动媒体"（根据实际选择一项或多项）复选框，选择好了驱动程序的位置后单击 下一步(N) > 按钮，即可完成驱动的安装。安装完成后，系统提示要求重新启动系统，重启后安装正式生效。

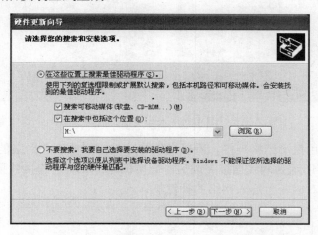

图 3-36　"硬件更新向导"对话框的 2 级窗口

（2）交换机的安装

交换机是网络连接中最为基础的集线设备，它工作在 OSI 模式中的数据链路层，是一种即插即用的硬件连接设备。只要将它固定并插上电源就可以了。

一般在大中型企业的机房中通常采用机架式安装，即将交换机与其他网络设备一起固定在一个机柜中，以便于网络管理员的管理。这类交换机通常功能较为齐全，适用在较大的网络环境。图 3-37 所示为机柜放置效果。

而对于一般的小型局域网环境，通常交换机的端口较少，功能也相对简单，这类交换机往往体积较小，只需将它妥善放置即可，图 3-38 所示为桌面放置效果。

图 3-37　机柜放置效果

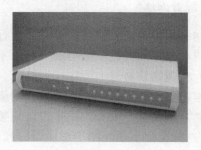

图 3-38　桌面放置效果

（3）网线的布设与连接

在大部分网络设备都固定以后，就可以开始布设连接网线，通常在对等网中多使用双绞线进行连接。首先要选定网线布设路径，并测量出距离。网线布设则最好避开电源线这类强电传输介质，因为这将直接影响网络的传输。确定长度后，要根据规范制作直通型双绞线。

网线制作完成后，开始连接网络。这项工作比较简单，只需要把双绞线两端的水晶头分别插入计算机主机后面的网卡插口和固定在桌面或墙面的交换机插口即可。插入过程如图 3-39 所示，将水晶头对准接口的方向，小心插入就可以了。

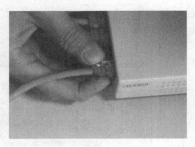

图 3-39　水晶头端口插入

这里我们主要采用星形结构连接，所以必须将一端接需要连入网络的计算机而另一端接到交换机上，图 3-40 所示为网线连接完成后，交换机与计算机的连接效果。可以看到，交换机上的每一个网线即对应一台连入网络的计算机。

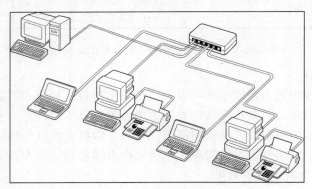

图 3-40　集线器与计算机的连接效果

2．配置网络

在网络环境组建完成后，接下来进行相应的网络配置。实际上，网络的配置是整个对等网组建成功与否的关键。它一般分为以下几个方面。

（1）安装网络协议

通常在安装网卡后，一些基本的网络组件，如网络客户、TCP／IP 协议、网络的文件和打印机共享协议都已安装。如果没有安装，则可以参照如下步骤进行安装。

① 选择桌面上的"网上邻居"图标，单击鼠标右键，在弹出的快捷菜单中选择"属性"命令，如图 3-41 所示。

② 在弹出的"网络连接"窗口中选择"本地连接"图标，单击鼠标右键，在弹出的快捷菜单中选择"属性"命令，如图 3-42 所示。

图 3-41　"网上邻居"属性打开方式　　　　图 3-42　"本地连接属性"打开方式

③ 在"本地连接属性"窗口中单击"常规"选项卡中的"安装"按钮，在弹出的"选择网络组件类型"窗口中选择需要添加的网络协议，选定后单击"添加"按钮，如图 3-43 所示。

④ 在单击"添加"按钮后，则会弹出添加相应协议的对话框，如图 3-44 所示，单击"确定"按钮即可完成安装。

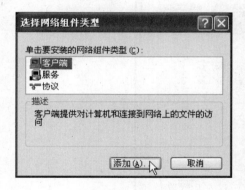
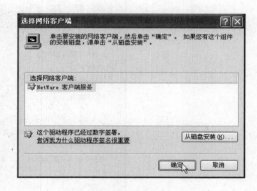

图 3-43　添加网络组件　　　　　　图 3-44　添加相应协议

（2）设置 IP 地址

在对等网中因为没有专门的 DHCP 服务器来自动分配 IP 地址，所以我们要为每台计算机分别指定一个各不相同的 IP 地址和一个网段的子网掩码。具体的操作步骤如下：

① 打开"网络连接窗口"具体方法在安装网络协议中以详细说明。在该窗口中选中"Internet 协议（TCP/IP）"项，并单击其下方的"属性"按钮，如图 3-45 所示。

② 在弹出的"Internet 协议（TCP/IP）属性"窗口中选择"常规"选项卡的"使用下面的 IP 地址"单选按钮，此时 IP 地址栏和子网掩码栏从灰色变为黑色，从而可以在其后面的文本框中输入相应的 IP 地址栏和子网掩码，如图 3-46 所示。

③ 在小型网络中 IP 地址一般采用 C 类 IP 地址，如 192.168.11.7，子网掩码可以采用默认的掩码及 255.255.255.0。在设置完成后单击"确定"按钮即可，如图 3-47 所示。

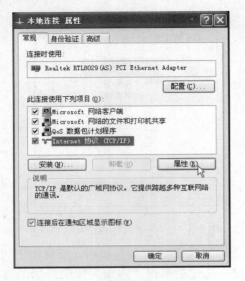

图 3-45   "本地连接属性"窗口

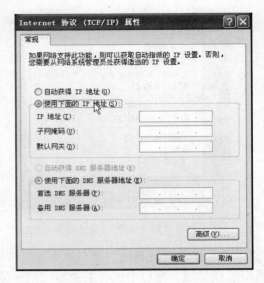

图 3-46   "Internet 协议（TCP/IP）属性"窗口

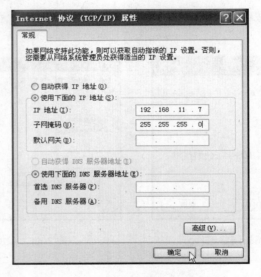

图 3-47   填写相应的 IP 和子网掩码

（3）配置工作组

工作组的配置是完成此次网络组建的重要环节，它的主要配置流程分为如下几个步骤。

① 选择桌面上的"我的电脑"图标，单击鼠标右键，在弹出的快捷菜单中选择"属性"命令，如图 3-48 所示。

② 在弹出的"系统属性"窗口中，选择"计算机名"选项卡，并单击"更改"按钮，如图 3-49 所示。

③ 在新弹出的"计算机名称更改"窗口中，为计算机配置网络中唯一的计算机名，并配置网络的工作组名。图 3-50 所示为该计算机配置的计算机名为"TAOTAO4"，工作组为"TAOTAO"。

图 3-48 "系统属性"窗口打开方式

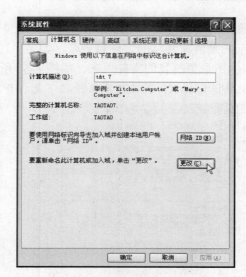

图 3-49 "系统属性"窗口

图 3-50 "计算机名称更改"窗口

在上述所有设置配置好后,单击"确定"按钮系统即进行自动更新。以后,即要求重新启动系统,重启后即生效。至此,小型局域网组建完成。

3.3 网络应用

在小型对等网上常常需要共享文件和共享打印机,本节将介绍共享文件和共享打印机的配置方法。

3.3.1 设置共享文件

Windows XP 系统的文件共享简单文件共享(Simple File Sharing)和高级文件共享(Professional File Sharing)有两种方式,本书只介绍简单共享。

1. 简单文件共享

使用简单文件共享方式创建文件共享,只需在文件夹上单击鼠标右键,选中"共享和安

模块 3 组建网络系统

全"菜单项，点选"共享"标签项，然后勾选"在网络上共享这个文件夹"项，在"共享名"栏中显示的是所需共享的文件目录名，如果允许网络上用户修改你的共享文件，还可以勾选"允许网络用户更改我的文件"项，如图 3-51 所示。

小提示：Windows XP 系统在默认情况下是打开简单文件共享功能。

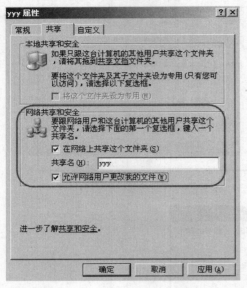

图 3-51　简单文件共享设置　　　　图 3-52　共享磁盘驱动器

　　我们还可以共享磁盘驱动器。只需在驱动器盘附上单击鼠标右键，选中"共享和安全"菜单项，点选"共享"标签项，出现了一个安全提示，提示你注意驱动器共享后风险。如果你继续要共享的话，点击"共享驱动器根"链接，以下操作与文件夹共享操作一样，如图 3-53 所示。

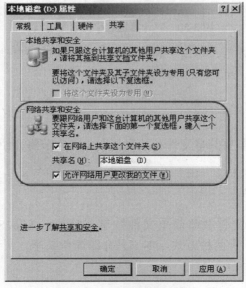

图 3-53　共享磁盘驱动器

一般 XP 系统默认 GUEST 账户是没有开启的，如果允许网络用户访问共享文件，必须打开 GUEST 账户。设置方法为"控制面板→管理工具→计算机管理→本地用户和组→用户"选项，在右边的 GUEST 账号上单击鼠标右键，选中"属性"菜单项，然后去除"账号已停用"选项，如图 3-54 所示。

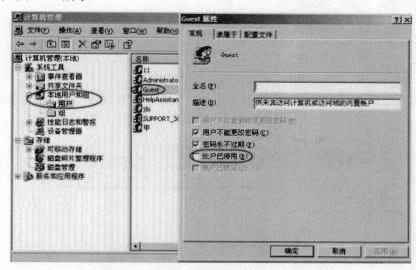

图 3-54 开启 GUEST 账户

在启用了 GUEST 用户或本地相应账号的情况下，如果还不能访问，大多是本地安全策略限制了用户访问。依次展开"控制面板→计算机管理→本地安全策略→用户权利指派"项，如图 3-55 所示，在"拒绝从网络访问这台计算机"的用户列表中，如看到 GUEST 或相应账号的话，直接删除即可，网络上的用户就都可以访问了，这样用户访问共享则不需任何密码，访问更加简捷明了。

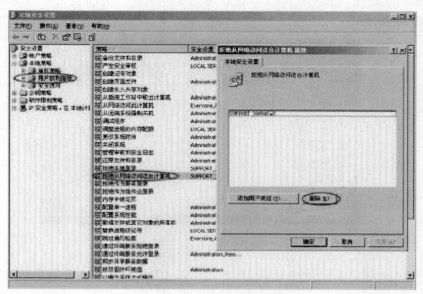

图 3-55 本地安全策略

2. 管理共享

（1）查看已创建的共享文件夹

依次展开"控制面板→管理工具→计算机管理→共享文件夹→共享"项，可以看到本机上开放了哪些共享，如图 3-56 所示。

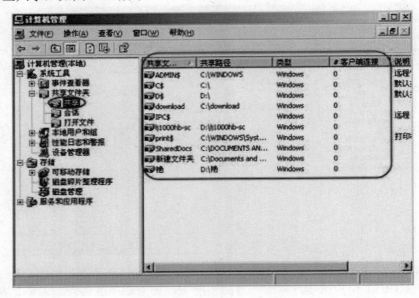

图 3-56　查看已创建的共享

（2）查看连接本机的用户

依次展开"控制面板→管理工具→计算机管理→共享文件夹→会话"项，可以看到本机上连接的用户了。在用户名上单击鼠标右键，选中"关闭会话"项即可断开用户连接，如图 3-57 所示。

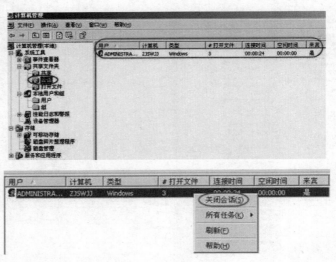

图 3-57　查看连接本机的用户

（3）删除共享

删除共享文件只需在文件夹上单击鼠标右键，选中"共享和安全"菜单项，点选"共享"标签项，然后去除"在网络上共享这个文件夹"项前的勾选，单击"确定"按钮，就删除了文件目录的共享，如图 3-58 所示。

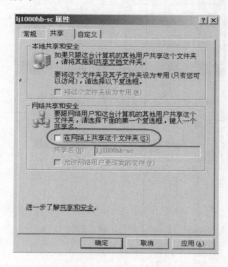

图 3-58　删除共享文件

3.3.2　设置共享打印机

1. 共享打印机的条件

网络中的计算机需要加入同一工作组，如图 3-59 所示；Guest 账号已启用。

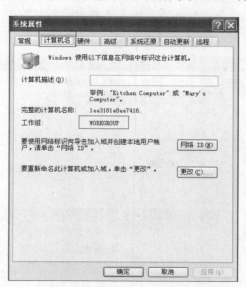

图 3-59　设置工作组

打开 Windows XP 上防火墙文件共享的通道。方法是在本地连接的属性中，点高级选项卡，在 Windows 防火墙下面点设置→例外选项卡→把文件和打印机共享勾上→按确定退出，如图 3-60 所示。

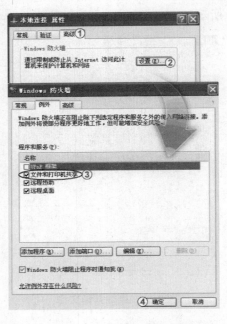

图 3-60　打开防火墙文件共享的通道

2. 设置共享打印机

首先根据打印机型号，安装打印机驱动。然后打开控制面板中的打印机和传真，就可以看到已安装的打印机了，右击选择共享，输入共享名，也可以用系统默认的共享名，注意名称不要太长，更不能是中文，如图 3-61 所示。

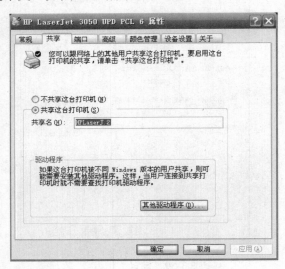

图 3-61　设置共享打印机

3. 添加打印机

网络用户如果想使用共享打印机，需要进行添加网络打印机的配置，方法是：控制面板→打印机和传真，双击添加打印机，如图 3-62 所示。

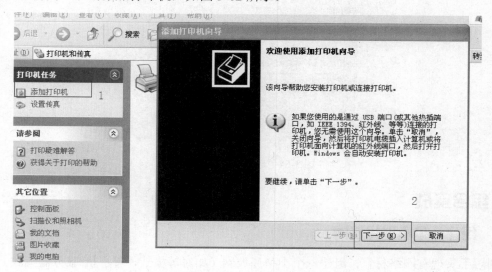

图 3-62　添加打印机

单击"下一步"按钮，进入添加打印机向导窗口，选择网络打印机或连接到其他计算机的打印机选项，如图 3-63 所示。

单击下一步，选择浏览打印机，如图 3-64 所示，选中找到的网络打印机后，单击下一步就完成了配置。

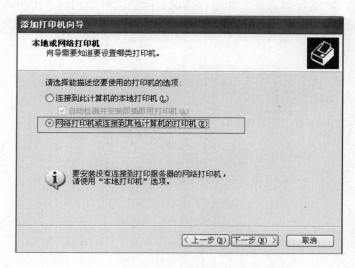

图 3-63　选择网络打印机

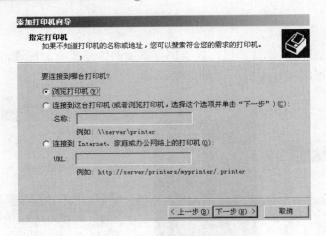

图 3-64　选择浏览打印机

3.4　综合实战

3.4.1　组建一个小型局域网

　　利用手头现有网络材料，组建一个小型局域网（如对等模式，客户机/服务器模式）并进行综合赏析。

3.4.2　考核评价

62

　　（1）基本要求：能够组建基础网络模型，实现小型局域网的互通。

　　（2）细节要求：网络连接接头或插口制作精确，无不良隐患，确保网络资源的共享。

　　（3）扩展要求：网络规划合理，并能够考虑到网络的升级和网络维护等因素。

模块4 宣传手册制作

4.1 职业背景

　　企业宣传册样本是企业的名片。一本成功的企业宣传册，要浓缩企业历程和发展企业方向，向公众展现企业文化、推广公司形象，给读者以栩栩如生、身临其境的感受。同时，将人的视觉感受提升至更高境界，使宣传册珍贵无比。宣传册设计是现代科学技术和艺术的结晶，是先进的科技成果应用到企业生产中，生产出新的具有优良功能和美观外形的展示。现代企业宣传册设计具有自身的视觉语言。

　　宣传手册制作是属于平面设计员职业岗位的工作任务，平面设计是近十年来逐步发展起来的新兴复合性职业，涉及面非常广泛、发展极为迅速。它涵盖的职业范畴包括：商业环境艺术设计、商业展示设计、商业广告设计、书籍装帧设计、包装结构与装潢设计、服装设计、工业产品设计、商业插画、标志设计、企业 CI 设计、网页设计等。近几年，建筑业高度发展，环境艺术设计、商业展示设计、装潢设计、商业广告设计等领域极其兴旺，大量职位虚位以待。

　　另一方面，随着 IT 软件的开发量越来越大，对于界面设计人员的需求则更为突出，这一点从各大求职网站的招聘广告中可以看到，尤其是对于既懂编程又懂界面设计的复合型人才更是情有独钟，这一点应引起广大 IT 人士的注意。显然，平面设计行业是具有较灿烂的就业前景的。

4.1.1 职业技能目标

　　（1）了解并掌握宣传手册的概念。认识到宣传册在当今社会的企业或商家的宣传中所起到的举足轻重的作用。

　　（2）了解宣传手册的基本组成部分，认清并掌握每部分的制作流程与相关注意事项。

　　（3）可以独立完成一本用于商业或与企业文化相关的宣传手册。包括封面、封底、内页的文字、图片、排版、纸张的选择及装订方法等。

　　（4）可以依据企业的要求与市场需求进行协调与整合，为企业谋求最大程度的经济利益。

4.1.2 考核标准

　　（1）是否能够把握一个宣传册制作的核心内容。

　　（2）是否了解一本宣传手册制作的完整流程。

　　（3）是否能够独立制作一本某个公司或某种产品的宣传手册。

　　（4）制作 D&M 工业产品设计有限公司宣传手册。

63

4.2 制作宣传手册

4.2.1 任务目标

（1）了解制作宣传册的公司背景资料、企业文化等相关信息。

（2）设计宣传册的版式与结构。

（3）设计宣传册的封面和封底。

（4）设计宣传页。

（5）完成此宣传手册的制作工作。

4.2.2 知识与技能

1．宣传册分类

宣传册通常分为以下 3 类。

（1）宣传卡片：包括传单、折页、明信片、贺年片、企业介绍卡、推销信等。用于提示商品、活动介绍和企业宣传。

（2）样本：包括各种手册、产品目录、企业刊物、画册等，系统展现产品。有前言、厂长或经理致辞、部门介绍、商品介绍、成果介绍、未来展望和相关服务等。用于树立一个企业的整体形象。

（3）说明书：一般附于商品包装内，让消费者了解商品的性能、结构、成分、质量和使用方法等。

2．宣传手册的组成

1）文字

文字作为视觉形象要素，首先要有可读性。同时，不同的字体、字号及面积的变化，又会带来不同的视觉感受。文字的编排设计是增强视觉效果，使版面个性化的重要手段之一。在宣传册设计中，字体的选择与运用要便于识别，容易阅读，不能盲目追求效果，而使文字失去最基本信息传达功能。尤其是改变字体形状、结构，运用特技效果或选用书法体、手写体时，更要注意其识别性。字体的选择还要注意适合诉求的目的。不同的字体具有不同的性格特征，而不同内容、风格的宣传册设计也要求不同的字体设计的定位，或严肃端庄、或活泼轻松、或高雅古典、或新奇现代。要从主题内容出发，选择在形态上或象征意义上与传达内容相吻合的字体。

在整本的宣传册中，字体的变化不宜过多，要注意所选择字体之间的和谐统一。标题或提示性的文字可适当地变化，正文字体要风格统一。文字的编排要符合人们的阅读习惯，如每行的字数不宜过多，要选用适当的字距与行距。也可用不同的字体编排风格制造出新颖的版面效果，给读者带来不同的视觉感受。

2）图形

图形是一种用形象和色彩来直观地传播信息、观念及交流思想的视觉语言，它能超越国界、排除语言障碍并进入各个领域与人们进行交流、沟通，是人类通用的视觉符号。在宣传册设计中，图形的运用可起到以下作用。

① 注目效果。有效地利用图形的视觉效果吸引读者的注意力。这种瞬间产生的强烈"注目效果"，只有图形可以实现。

② 看读效果。好的图形设计可准确地传达主题思想，使读者更易于理解和接受它所传达的信息。

③ 诱导效果。猎取读者的好奇点，使读者被图形吸引，进而将视线引至文字。

④ 图形表现的手法多种多样。传统的各种绘画、摄影手法可产生面貌、风格各异的图形或图像。尤其是近年来电脑辅助设计的运用，极大地拓展了图形的创作与表现空间。然而无论用什么手段表现，图形的设计都可以归纳为具象和抽象两个范畴。

具象的图形可表现客观对象的具体形态，同时也能表现出一定的意境。它以直观的形象真实地传达物象的形态美、质地美、色彩美等，具有真实感，容易从视觉上激发人们的兴趣与欲求，从心理上取得人们的信任。尤其是一些具有漂亮外观的产品，常运用真实的图片，通过精美的设计制作给人带来赏心悦目的感受。因为它的这些特点，具象图形在宣传册的设计中仍占主导地位。另外，具象图形是人们喜爱和易于接受的视觉语言形式。运用具象图形来传达某种观念或产品信息，不仅能增强画面的表现力和说服力，提升画面的被注目值，而且能使传达富有成效。

需要注意的是，具象图形、图像的选择及运用要紧扣主题，需要经过加工提炼与严格筛选，它应是具体图形表现的升华，而不是图片的简单罗列、拼凑。抽象图形运用非写实的抽象化视觉语言表现宣传内容，是一种高度理念化的表现。在宣传册设计中，抽象图形的表现范围是很广的，尤其是现代科技类产品，因其本身具有抽象美的因素，用抽象图形更容易表现出它的本质特征。此外，对有些形象不佳或无具体形象的产品，或有些内容与产品用具象图形表现较困难时，采取抽象图形表现可取得较好的效果。抽象图形单纯凝练的形式美和强烈鲜明的视觉效果，是人们审美意识增强和时代精神的反映，较具象图形具有更强的现代感、象征性和典型性。抽象表现可以不受任何表现技巧和对象的束缚，不受时空的局限，扩展了宣传册的表现空间。

无论图形抽象的程度如何，最终还是要让读者接受，因此，在设计与运用抽象图形时，抽象的形态应与主题内容相吻合，表达对象的内容或本质。另外，要了解和掌握人们的审美心理和欣赏习惯，加强针对性和适应性，使抽象图形准确地传递信息并发挥应有的作用。具象图形与抽象图形具有各自的优势和局限，因此，在宣传册设计的过程中，两种表现方式有时会同时出现或以互为融合的方式出现，如在抽象形式的表现中突出具象的产品。设计时，应根据不同的创意与对象，采用不同的表现方式。

3）色彩

在宣传册设计的诸要素中，色彩是一个重要的组成部分。它可以制造气氛、烘托主题，强化版面的视觉冲击力，直接引起人们的注意与情感上的反应；另一方面，还可以更为深入地揭示主题与形象的个性特点，强化感知力度，给人留下深刻的印象，在传递信息的同时给人以美的享受。

65

宣传册的色彩设计应从整体出发，注重各构成要素之间色彩关系的整体统一，以形成能充分体现主题内容的基本色调；考虑色彩的明度、色相、纯度各因素的对比与调整关系。设计者对于主体色调的准确把握，可帮助读者形成整体印象，更好地理解主题。

在宣传册设计中，运用商品的象征色及色彩的联想、象征等色彩规律，可增强商品的传达效果。不同种类的商品常以与其感觉相吻合的色彩来表现，如食品、电子产品、化妆品、药品等在用色上有较大的区别；而同一类产品根据其用途、特点还可以再细分。如食品，大多选用纯度较高，感觉干净的颜色来表现；其中红、橙、黄等暖色能较好地表达色、香、味等感觉，引起人的食欲，故在表现食品方面应用较多；咖啡色常用来表现巧克力或咖啡等一些苦香味的食品；绿色给人新鲜的感觉，常用来表现蔬菜、瓜果；蓝色有清凉感，常用来表现冷冻食品、清爽饮料等。

在运用色彩的过程中既要注意典型的共性表现，也要表达自己的个性。如果所用色彩趋于雷同，就失去了新鲜的视觉冲击力。这就需要在设计时打破各种常规或习惯用色的限制，勇于探索，根据表现的内容或产品特点，设计出新颖、独特的色彩格调。总之，宣传册色彩的设计既要从宣传品的内容和产品的特点出发，有一定的共性，又要在同类设计中标新立异，有独特的个性。这样才能加强识别性和记忆性，达到良好的视觉效果。

4）编排

我们在编排设计一章中讲述的各种编排方法、规律，同样适用于宣传册的设计。需注意的是，宣传册的形式、开本变化较多，设计时应根据不同的情况区别对待。

对于页码较少、面积较小的宣传册，在设计时应使版面特征醒目；色彩及形象要明确突出；版面设计要素中，主要文字可适当大一些。对于页码较多的宣传册，由于要表现的内容较多，为了实现统一，整体的感觉，在编排上要注意网格结构的运用；要强调节奏的变化关系，保留一定量的空白；色彩之间的关系应保持整体的协调统一。

为避免设计时只注意单页效果而不能把握总体的情况，可采用几种方法来控制整体效果：首先确定创作思路，根据预算情况确定开本及页数，并依照规范版式将图文内容按比例缩小排列在一起，以便全面观察比较，合理调整。找出整册中共性的因素，设定某种标准或共用形象，将这些主要因素安排好后再设计其他因素。在整册中抓住几个关键点，以点带面来控制整体布局，做到统一中有变化，变化中求统一，达到和谐、完美的视觉效果。

3．宣传册版式的基本类型

宣传册的版式通常分为骨格型、满版型、上下分割型、左右分割型、中轴型、曲线型、倾斜型、对称型、重心型、三角型、并置型、自由型和四角型13种。

1）骨格型

骨格型是一种规范、理性的分割方法，如图4-1所示。常见的骨格型有竖向通栏、双栏、三栏和四栏等。一般以竖向分栏为多。图片和文字的编排上，严格按照骨格比例进行编排配置，给人以严谨、和谐、理性的美。经过相互混合后的骨格型版式，既理性有条理，又活泼而具有弹性。

图 4-1 骨格型版式

2）满版型

其版面以图像充满整版，主要以图像为诉求点，视觉传达直观而强烈，如图 4-2 所示。文字配置压置在上下、左右或中部（边部和中心）的图像上。满版型，给人大方、舒展的感觉，是商品广告常用的形式。

3）上下分割型

整个版面分成上下两部分，在上半部或下半部配置图片（可以是单幅或多幅），另一部分则配置文字，如图 4-3 所示。图片部分感性而有活力，而文字则理性而静止。

图 4-2　满版型版式

图 4-3　上下分割型版式

4）左右分割型

整个版面分割为左右两部分，分别配置文字和图片，如图 4-4 所示。左右两部分形成强弱对比时，造成视觉心理的不平衡。这仅是视觉习惯（左右对称）上的问题，不如上下分割型的视觉流程自然。如果将分割线虚化处理，或用文字左右重复穿插，左右图与文会变得自然和谐。

5）中轴型

将图形做水平方向或垂直方向排列，文字配置在上下或左右，如图 4-5 所示。水平排列的版面，给人稳定、安静、平和与含蓄之感。垂直排列的版面，给人强烈的动感。

图 4-4　左右分割型版式

图 4-5　中轴型版式

6）曲线型

图片和文字，排列成曲线，产生韵律与节奏的感觉，如图 4-6 所示。

图 4-6　曲线型版式

7）倾斜型

版面主体形象或多幅图像做倾斜编排，使版面富有强烈的动感和不稳定因素，从而引人注目，如图 4-7 所示。

图 4-7　倾斜型版式

8）对称型

对称型的版式，给人稳定、理性的感受，如图 4-8 所示。对称分为绝对对称和相对对称。一般多采用相对对称手法，以避免过于严谨。对称的版式一般以左右对称居多。

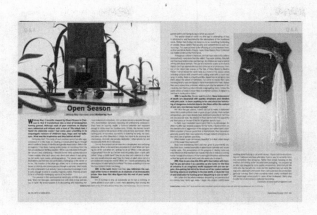

图 4-8　对称型版式

9）重心型

重心型版式产生视觉焦点，使其更加突出，如图 4-9 所示。有 3 种类型：直接以独立而轮廓分明的形象占据版面中心；向心——视觉元素向版面中心聚拢的运动；离心——犹如石子投入水中，产生一圈一圈向外扩散的弧线的运动。

10）三角型

在圆形、矩形、三角形等基本图形中，正三角形（金字塔形）最具有安全稳定因素。如图 4-10 所示三角型版式。

图 4-9　重心型版式

图 4-10　三角型版式

11）并置型

将相同或不同的图片做大小相同而位置不同的重复排列。并置构成的版面有比较、解说的意味，给予原本复杂喧闹的版面以秩序、安静、调和与节奏感，如图 4-11 所示。

12）自由型

自由型版式是一种无规律、随意的编排构成方式，如图 4-12 所示。该版式给人活泼、轻快的感觉。

图 4-11　并置型版式　　　　　　　　　　图 4-12　自由型版式

图 4-13　四角型版式

13）四角型

四角型，即在版面四角及连接四角的对角线结构上编排图形，如图 4-13 所示。该版式给人严谨、规范的感觉。其实只要你知道什么是版式设计即可，只是每个国家的设计风格不一样而已。

4．设计软件 Illustrator 简介

Adobe Illustrator 是出版、多媒体和在线图像的工业标准矢量插画软件。无论您是生产印刷出版线稿的设计者、专业插画家或生产多媒体图像的艺术家，还是互联网页或在线内容的制作者，都会发现 Illustrator 不仅仅是一种艺术产品工具。该软件为您的线稿提供无与伦比的精度和控制，适合用于生产任何小型到大型的复杂项目设计。

作为全球最著名的图形软件 Illustrator，以其强大的功能和体贴用户的界面已经占据了全球矢量编辑软件中的大部分份额。据不完全统计全球有 67%的设计师在使用 Illustrator 进行艺术设计！尤其基于 Adobe 公司专利的 PostScript 技术的运用，Illustrator 已经完全占领专业的印刷出版领域。使用过 Illustrator 的用户都会发现，其强大的功能和简洁的界面设计风格是其他同类软件所无法比拟的。随着网络技术的不断发展，Adobe 公司也不断调整产品的发展方向，而 Illustrator 10 的诸多新功能大大强化了其在网页设计中的地位。无论是图像在网页上的最终输出，还是矢量图形在网页上的发布（SVG 技术），都体现了 Adobe 公司对网络发展的重视。

4.2.3　工作流程

本案例是为一家工业设计公司设计一本企业形象宣传手册。目的是对外推广整个企业的形象和企业文化，让客户更加了解企业。所以宣传手册的封面，无疑就成为最关键的展示要素之一。如果说眼睛是心灵的窗户，那么宣传册的封面和封底就是整个宣传手册的灵魂和最能吸引眼球的部分了。因此，这一部分也最需要创意和构思。

最初看到的是印有公司名称（D&M）的封面，如图 4-14 所示。但是字母 D 的部分是一

70

个小的扉页，打开后可以看到企业的宗旨，如图 4-15 所示。再将右半部分打开，就是宣传册的具体内容了，如图 4-16 所示。

图 4-14 （D&M）公司宣传册封面

图 4-15 （D&M）公司宣传册扉页

1. 制作封面与封底

（1）打开 Illustrator 软件，选择"文件"→"新建"，新建一个文件，画板设置为宽度 329mm，高度 120mm，如图 4-17 和图 4-18 所示。

图 4-16 （D&M）公司宣传册版式

图 4-17 "新建文档"对话框

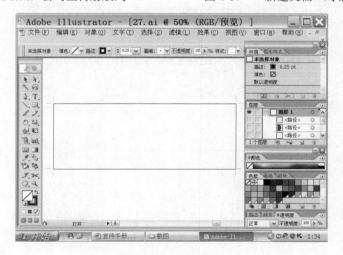

图 4-18 新建文档

（2）利用钢笔工具，将封面图标的轮廓勾勒出来，如图 4-19 至图 4-21 所示。

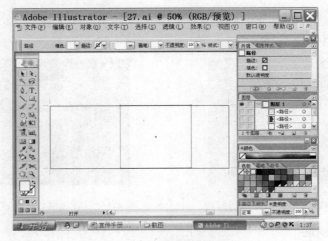

图 4-19　封面图标轮廓勾勒 1

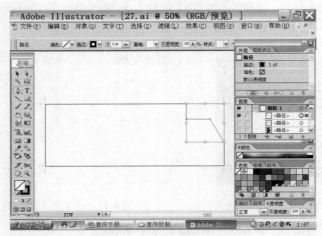

图 4-20　封面图标轮廓勾勒 2

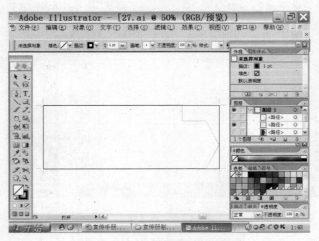

图 4-21　封面图标轮廓勾勒 3

（3）利用矩形工具，制作长为 40mm，宽为 8mm 的矩形，如图 4-22 所示。

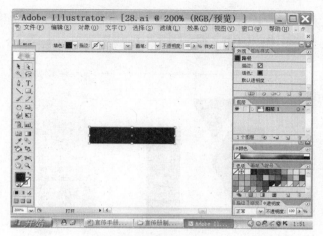

图 4-22　制作矩形

（4）再利用钢笔工具，分别制作黑色的三角形与尺寸稍大的白色三角形，如图 4-23 所示。

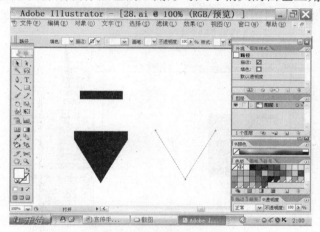

图 4-23　制作黑、白三角形

（5）同样，利用钢笔工具制作红色多边形，如图 4-24 所示。

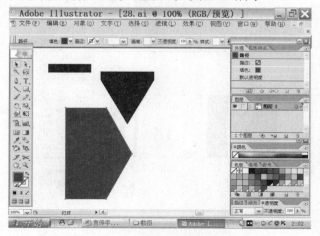

图 4-24　制作红色多边形

（6）使用矩形工具，制作长为 40mm，宽为 120mm 的黑色矩形，如图 4-25 所示。

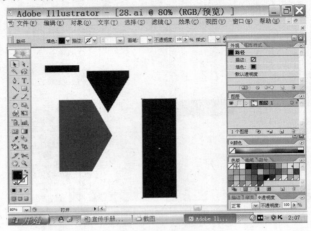

图 4-25　黑色矩形

（7）将制作好的图形进行组合布置，并调整到适宜的位置上，如图 4-26 和图 4-27 所示。

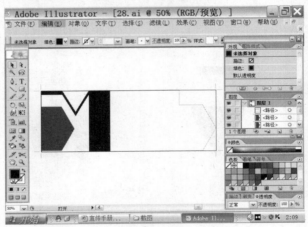

图 4-26　图形组合布置 1

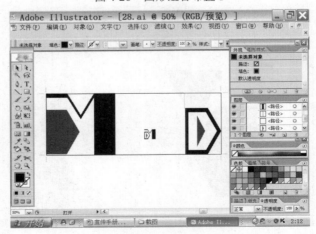

图 4-27　图形组合布置 2

8）在事先设计好的位置上将文字摆放好。左侧的中文字体为黑体，字号为18pt；英文为 Arial Black，字号为21pt。其效果如图 4-28 所示。

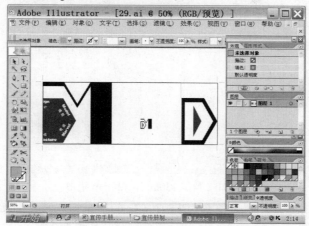

图 4-28　文字制作

2．制作宣传页

（1）新建一个文件，画板设置为宽度 260mm，高度 120mm，如图 4-29 和图 4-30 所示。

图 4-29　"新建文档"对话框

图 4-30　新建文档

（2）利用矩形工具，制作长为 130mm，宽为 120mm 的矩形，填色为"无"，描边颜色为黑色，粗细为 0.25pt。效果如图 4-31 所示。

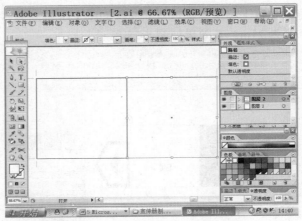

图 4-31　制作 130mm×120mm 矩形

（3）利用倒角矩形工具，制作长宽均为 10mm 的倒角矩形；并制作长为 116mm，宽为 2mm 的长方形。橙色色号为 R：155，G：127，B：0。效果如图 4-32 所示。

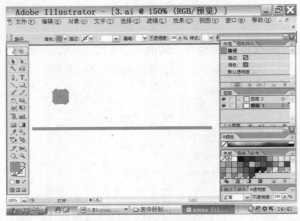

图 4-32　制作倒角矩形

（4）摆放到合适的位置，如图 4-33 所示。

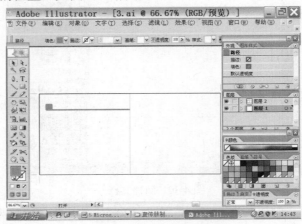

图 4-33　图形组合布置

（5）使用插入文字工具制作字母，字体为 Arial，字号为 36pt。复制字母与倒角矩形，交叉部分使用"取交集"，并覆盖在原来的字母上即可，如图 4-34 所示。

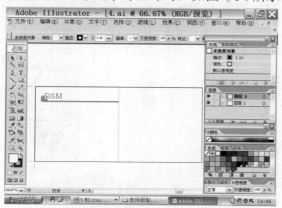

图 4-34　制作字母并与图形组合

（6）插入文字，字体为黑体，字号为 18pt，如图 4-35 所示。

图 4-35　插入文字

（7）继续利用倒角矩形，制作长和宽均为 5mm 的小正方形，并复制为 5 个，输入相关文字，设置为黑体、14pt，如图 4-36 所示。

图 4-36　制作倒角小正方形

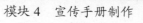

模块 4　宣传手册制作

（8）复制以前封面上的公司标志并填充为灰色，如图 4-37 所示。

图 4-37　制作公司小标志

（9）将宽为 0.4mm 的灰色矩形条与标志组合到合适的位置，并添加相应的文字，灰色、黑体、12pt，如图 4-38 所示。

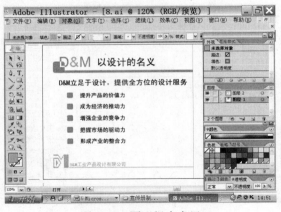

图 4-38　图形组合布局

（10）制作长宽分别为 120mm、2mm 和 20mm、120mm 的蓝色矩形，色号为 R：0，G：160，B：198，如图 4-39 所示。

图 4-39　制作蓝色矩形

（11）添加灰色文字，字体为 Arial，字号为 10pt 和与左侧相同的底边，如图 4-40 所示。

图 4-40　添加灰色文字

（12）添加文字"梦"，设置为灰色，宋体，386pt，并调整好位置，如图 4-41 所示。

图 4-41　添加"梦"字

（13）复制制作好的标志，并插入字体，如图 4-42 所示。

图 4-42　插入文字

模块 4　宣传手册制作

（14）将选好的图片分别摆放在相应的位置上，如图 4-43 所示。

图 4-43　插入图片

（15）利用以前做好的基本构架作为模板，并调整颜色。绿色为 R：171，G：218，B：77；红色为 R：255，G：0，B：0，如图 4-44 所示。

图 4-44　模板调色

（16）插入文字"神"，设置为灰色，字号为 386pt，如图 4-45 所示。

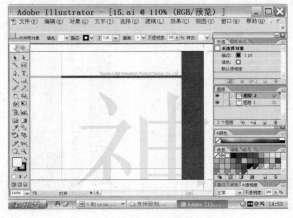

图 4-45　插入文字"神"

（17）制作倒角矩形。绿色的 3 个，尺寸分别为长 25mm，宽 8mm。蓝色的 3 个，色号为 R：155，G：202，B：225。尺寸为长 55mm，宽 18mm，如图 4-46 所示。

图 4-46　制作倒角矩形

（18）插入文字，如图 4-47 所示。

图 4-47　插入文字

（19）利用矩形工具、圆形工具、箭头符号工具等制作图形组合。其中深蓝色矩形的色号为 R：78，G：129，B：125。描黑色边框 0.5pt。粉色色号为 R：245，G：203，B：153，如图 4-48 和图 4-49 所示。

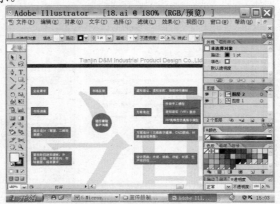

图 4-48　制作图形组合 1

模块 4　宣传手册制作

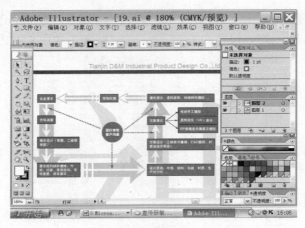

图 4-49　制作图形组合 2

（20）利用模板制作黄色页面部分，色号为 R：254，G：22，B：88。插入的文字"器"的字号为 356pt，如图 4-50 所示。

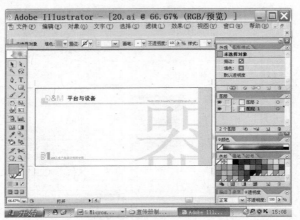

图 4-50　制作黄色页面部分

（21）插入文字与图片，如图 4-51 和图 4-52 所示。

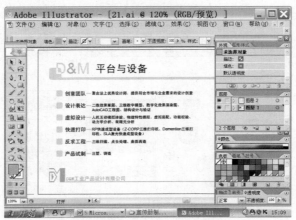

图 4-51　插入文字

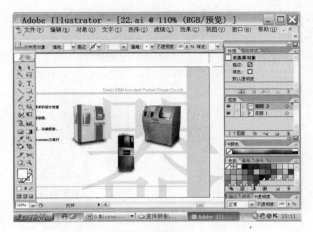

图 4-52　插入图片

（22）利用模板制作页面红色与绿色部分，如图 4-53 所示。

图 4-53　制作页面红色和绿色部分

（23）添加文字与图形，如图 4-54 所示。

图 4-54　添加文字与图形

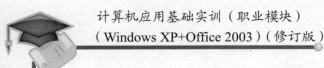
（24）插入文字"技"，字号为386pt，如图4-55所示。

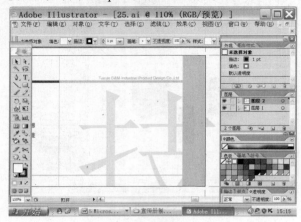

图4-55　插入文字"技"

（25）插入文字与图片，如图4-56所示。

图4-56　插入文字与图片

（26）复制以前封面的模板，并将图形进行90°的对称变换，如图4-57所示。

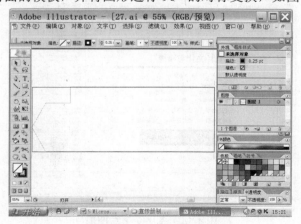

图4-57　复制封面模板

（27）添加模板，调整颜色，如图 4-58 所示。

图 4-58　添加模板，调整颜色

（28）添加左侧文字，如图 4-59 所示。

图 4-59　添加文字

（29）将右侧页面的文字与图形添加完整，如图 4-60 和图 4-61 所示。

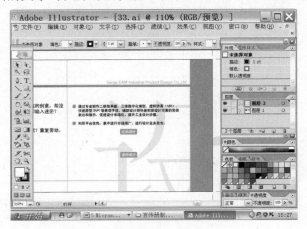

图 4-60　添加右侧文字

模块5 统计报表制作

- 掌握电子表格软件的使用
- 能够根据工作的要求，完成数据处理与分析工作

5.1 职业背景与训练目标

5.1.1 职业背景

在日常工作与生活中，经常会用到各种二维表格，如学校中的课程表、成绩表、学籍表；企业中的工资表、销售数据统计表、生产管理表、商品价格表等。如果这些表格都需要笔画、手算，会给工作带来极大的不便。而电子表格的使用，可以解决这种不便，如电子表格可以输入/输出、显示数据，帮助用户制作各种复杂的表格文档，进行烦琐的数据计算，并能对输入的数据进行各种复杂统计运算后显示为可视性极佳的表格，同时它还能形象地将大量枯燥无味的数据变为多种彩色的商业图表，极大地增强了数据的可视性。因此，各行各业中，对于使用电子表格解决工作中的实际问题的能力要求，显得尤为重要。越来越多的职业岗位需要员工拥有利用软件熟练制作电子表格的职业能力。例如，数据统计、分析结果、财务等应用领域，都对电子表格的制作能力提出了很高的要求。

5.1.2 训练目标

（1）职业素质：遵纪守法，保守秘密；实事求是，讲求时效；忠于职守，谦虚谨慎；团结协作，爱护设备；爱岗敬业，无私奉献；服务热情，保守商业秘密。

（2）熟练掌握电子表格软件的使用。

（3）根据工作岗位的要求，保质保量地完成数据处理与计算工作。

（4）根据录入的相关数据，进行数据统计与分析。

（5）具备一定的数理统计知识。

5.2 制作公司销售统计表

5.2.1 任务目标

本例制作如表5-1所示的销售统计表，并完成数据的处理与计算，计算每个销售员4个季度的销售总额，每季度所有销售员的平均销售额及销售员全年销售总额的平均值，统计每季度销售员销售额的最高值和最低值，统计每季度销售任务的完成情况（其中公司规定每季

87

度每人的销售任务为 4000 元，凡个人季度销售额大于 4000 元的销售员），时间为 20min。

表 5-1　销售统计表

销售统计表					
销售员姓名	第一季度	第二季度	第三季度	第四季度	合　计
郭靖	￥1,257	￥2,433	￥1,578	￥1,687	
黄蓉	￥3,981	￥6,427	￥5,312	￥8,946	
杨过	￥9,953	￥8,969	￥9,254	￥9,637	
张无忌	￥4,587	￥3,569	￥4,980	￥4,056	
萧峰	￥3,289	￥3,199	￥3,807	￥3,932	
王宏	￥9,784	￥8,967	￥9,164	￥9,800	
宋平之	￥6,579	￥7,839	￥5,804	￥6,870	
平均销售额					
最高销售额					
最低销售额					
完成销售任务人数					

5.2.2　工作流程

（1）启动 Excel，新建一工作簿，根据表 5-1 输入数据，如图 5-1 所示，其中销售数据所在单元格的格式设置为货币型，不保留小数。

（2）计算每个销售员年度销售总额。在单元格 F3 中输入公式"=SUM(B3:E3)"。然后利用拖动填充方式，将此公式复制到单元格 F4:F12 中，完成所有销售员年度销售总额的计算。

（3）计算销售员季度平均销售额及销售员年度销售总额的平均值。在单元格 B10 中输入公式"=AVERAGE(B3:B9)"。并将此公式复制到单元格 C10:F10 中，完成平均销售额的计算。

	A	B	C	D	E	F
1	销售统计表					
2	销售员姓名	第一季度	第二季度	第三季度	第四季度	合计
3	郭靖	￥1,257	￥2,433	￥1,578	￥1,687	
4	黄蓉	￥3,981	￥6,427	￥5,312	￥8,946	
5	杨过	￥9,953	￥8,969	￥9,254	￥9,637	
6	张无忌	￥4,587	￥3,569	￥4,980	￥4,056	
7	萧峰	￥3,289	￥3,199	￥3,807	￥3,932	
8	王宏	￥9,784	￥8,967	￥9,164	￥9,800	
9	宋平之	￥6,579	￥7,839	￥5,804	￥6,870	
10	平均销售额					
11	最高销售额					
12	最低销售额					
13	完成销售任务人数					
14						

图 5-1　销售统计表

（4）统计每季度销售员最高销售额和最低销售额。在单元格 B11 中输入公式"=MAX(B3:B9)"，并将此公式复制到单元格 C11:F11 中，完成每季度最高销售额的统计；同时在单元格 B12 中输入公式"=MIN(B3:B9)",并将此公式复制到单元格 D12:F12 中,完成每季度最低销售额的统计。

(5)统计完成季度销售任务的人数情况。在单元格 B13 中输入公式"=COUNTIF (B3:B9,">=4000")",并将此公式复制到单元格 C13:E13 中,完成"完成销售任务"人数统计。

(6)最终计算结果如图 5-2 所示。

	A	B	C	D	E	F
1	销售统计表					
2	销售员姓名	第一季度	第二季度	第三季度	第四季度	合计
3	郭靖	¥1,257	¥2,433	¥1,578	¥1,687	¥6,955
4	黄蓉	¥3,981	¥6,427	¥5,312	¥8,946	¥24,666
5	杨过	¥9,953	¥8,969	¥9,254	¥9,637	¥37,813
6	张无忌	¥4,587	¥3,569	¥4,980	¥4,056	¥17,192
7	萧峰	¥3,289	¥3,199	¥3,807	¥3,932	¥14,227
8	王宏	¥9,784	¥8,967	¥9,164	¥9,800	¥37,715
9	宋平之	¥6,579	¥7,839	¥5,804	¥6,870	¥27,092
10	平均销售额	¥5,633	¥5,915	¥5,700	¥6,418	¥23,666
11	最高销售额	¥9,953	¥8,969	¥9,254	¥9,800	¥37,813
12	最低销售额	¥1,257	¥2,433	¥1,578	¥1,687	¥6,955
13	完成销售任务人数	4	4	5	5	

图 5-2　销售统计表计算结果

5.2.3　知识与技能

一般公司为了进行销售数据管理,通常在某时段后,需要建立一销售数据管理表格,完成对销售员销售数据的统计与计算,如年度总销售额、季度平均销售额等。

为了完成销售数据管理,首先需要对成绩管理表格进行设计,其中包括表格的功能与基本需要,从而可以安排表格中数据项目的次序与具体位置。数据表的设计需要确定表格数据项目的名称,一般都将数据项目放置在表格的第一行,然后在每一行表格中依次输入数据内容。

对于已经录入到表格中需要进行处理的数据,一般依靠公式与函数来完成数据计算与统计分析。

公式是进行数据计算与分析的等式,可以用它来完成数据的加、减、乘、除等运算。函数是一种特殊的公式,完成对数据表中制定区域的数据操作。因此,对成绩表中的总分、平均分、最高分、最低分等数据进行处理与分析,都可以利用公式或函数来完成相应的任务。

5.3　制作公司销售额汇总表

5.3.1　任务目标

(1)制作如表 5-2 所示的销售额汇总表,完成数据的处理与计算,并按照总销售额对销售员进行排序,筛选出总销售额大于 15000 元的销售员,时间为 10min。

表 5-2　销售额汇总表

销售额汇总表						
销售员姓名	性别	第一季度	第二季度	第三季度	第四季度	合　计
郭靖	男	￥1,257	￥2,433	￥1,578	￥1,687	￥6,955
宋平之	男	￥6,579	￥7,839	￥5,804	￥6,870	￥27,092
萧峰	男	￥3,289	￥3,199	￥3,807	￥3,932	￥14,227
杨过	男	￥9,953	￥8,969	￥9,254	￥9,637	￥37,813
张无忌	男	￥4,587	￥3,569	￥4,980	￥4,056	￥17,192
黄蓉	女	￥3,981	￥6,427	￥5,312	￥8,946	￥24,666
王宏	女	￥9,784	￥8,967	￥9,164	￥9,800	￥37,715

（2）在上述销售额汇总表中，按照性别对平均分进行分类汇总，分别计算男女销售员的平均销售额，时间为 5min。

（3）在销售额汇总表中，为郭靖、萧峰、杨过 3 位销售员的各季度销售额进行对比分析，创建图表。

5.3.2　工作流程

（1）启动 Excel，新建一工作簿，根据表 5-2 输入数据，其中销售数据所在单元格的格式设置为货币型，不保留小数。

（2）对销售员年度总销售额进行排序。选中数据表中任意一个单元格，选择菜单栏中的"数据→排序"命令，在弹出的"排序"对话框中将"合计"作为关键字，进行降序排列。最后，得到销售员年度总销售额由高到低的排序结果，如图 5-3 所示。

	A	B	C	D	E	F	G
1	销售额汇总表						
2	销售员姓名	性别	第一季度	第二季度	第三季度	第四季度	合计
3	杨过	男	￥9,953	￥8,969	￥9,254	￥9,637	￥37,813
4	王宏	女	￥9,784	￥8,967	￥9,164	￥9,800	￥37,715
5	宋平之	男	￥6,579	￥7,839	￥5,804	￥6,870	￥27,092
6	黄蓉	女	￥3,981	￥6,427	￥5,312	￥8,946	￥24,666
7	张无忌	男	￥4,587	￥3,569	￥4,980	￥4,056	￥17,192
8	萧峰	男	￥3,289	￥3,199	￥3,807	￥3,932	￥14,227
9	郭靖	男	￥1,257	￥2,433	￥1,578	￥1,687	￥6,955

图 5-3　年度销售额排序结果

（3）筛选出总销售额大于 15 000 元的销售员。选择数据表中任意一单元格，选择"数据→筛选→自动筛选"命令，选择"合计"筛选列，筛选方式为自定义，定义为"大于 15 000"。由此，将年度总销售额大于 15 000 元的销售员筛选出来，如图 5-4 所示。

	A	B	C	D	E	F	G
1				销售额汇总表			
2	销售员姓名▼	性别▼	第一季▼	第二季▼	第三季▼	第四季▼	合计 ▼
3	杨过	男	￥9,953	￥8,969	￥9,254	￥9,637	￥37,813
4	王宏	女	￥9,784	￥8,967	￥9,164	￥9,800	￥37,715
5	宋平之	男	￥6,579	￥7,839	￥5,804	￥6,870	￥27,092
6	黄蓉	女	￥3,981	￥6,427	￥5,312	￥8,946	￥24,666
7	张无忌	男	￥4,587	￥3,569	￥4,980	￥4,056	￥17,192

图 5-4 年度销售额大于 15 000 元的筛选结果

（4）按照性别对平均销售额进行分类汇总。首先取消自动筛选，将数据按照"性别"为分类字段进行排序，然后选择菜单栏中的"数据→分类汇总"命令，在弹出的"分类汇总"对话框中，进行如图 5-5 所示的设置，完成对男女销售员各自平均销售额的计算。其结果如图 5-6 所示。

图 5-5 分类汇总设置

	A	B	C	D	E	F	G
1				销售额汇总表			
2	销售员姓名	性别	第一季度	第二季度	第三季度	第四季度	合计
3	杨过	男	￥9,953	￥8,969	￥9,254	￥9,637	￥37,813
4	宋平之	男	￥6,579	￥7,839	￥5,804	￥6,870	￥27,092
5	张无忌	男	￥4,587	￥3,569	￥4,980	￥4,056	￥17,192
6	萧峰	男	￥3,289	￥3,199	￥3,807	￥3,932	￥14,227
7	郭靖	男	￥1,257	￥2,433	￥1,578	￥1,687	￥6,955
8		男 平均值					￥20,656
9	王宏	女	￥9,784	￥8,967	￥9,164	￥9,800	￥37,715
10	黄蓉	女	￥3,981	￥6,427	￥5,312	￥8,946	￥24,666
11		女 平均值					￥31,191
12		总计平均值					￥23,666

图 5-6 销售额分类汇总表

（5）创建图表。在销售额汇总表中，为郭靖、萧峰、杨过 3 位销售员的销售额进行对比分析，分析 3 人年度总销售额与男销售员年总平均销售额的关系，创建柱形图图表，如图 5-7 所示。

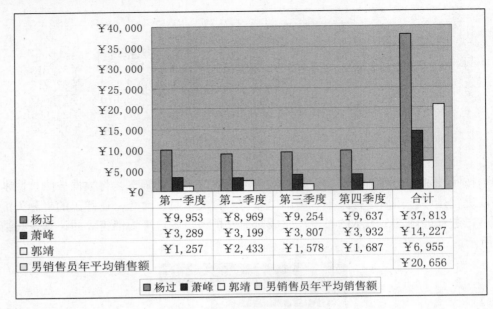

	第一季度	第二季度	第三季度	第四季度	合计
■ 杨过	￥9,953	￥8,969	￥9,254	￥9,637	￥37,813
■ 萧峰	￥3,289	￥3,199	￥3,807	￥3,932	￥14,227
□ 郭靖	￥1,257	￥2,433	￥1,578	￥1,687	￥6,955
□ 男销售员年平均销售额					￥20,656

■ 杨过 ■ 萧峰 □ 郭靖 □ 男销售员年平均销售额

图 5-7 销售额统计图表

5.3.3 知识与技能

公司销售经理通常在年底，对销售员销售额表进行分析，利用排序、筛选与分类汇总，可以非常方便地完成该项分析汇总工作。

1. 排序

排序是将某个数据按照从小到大或由大到小的顺序进行排列。它是教师在进行数据分析和处理过程中经常进行的一种操作。通过排序可以根据某特定列的内容来重新排列数据清单中的行。排序可以按照单关键字排序，也可以按照多关键字进行排序。

2. 筛选

筛选是在数据表中查找满足需求条件的数据。当筛选一个数据集时，可以只显示出符合筛选条件的数据，而将无关数据暂时隐藏。筛选可进行自动筛选和高级筛选。

3. 分类汇总

分类汇总建立在已排序的基础上，将相同类别的数据进行汇总分析，它可以对数据表中的某个字段提供"求和"、"求平均值"等汇总，实现对汇总值的计算，并将计算结果分类显示出来。

4. 图表

图表是将工作表中的数据用图形化的方式显示出来的一种方式，图表是自动根据数据生成的，可以自动同步更新，它有嵌入式图表与图表工作表两种类型。

5.4 制作公司员工工资表

5.4.1 任务目标

本例制作如表 5-3 所示的公司员工工资表，完成实发工资的计算，即实发工资=基本工资+岗位津贴-扣款，同时制作数据透视表，完成不同部门员工工资的对比分析，时间为 15min。

表 5-3 公司员工工资表

公司员工工资表						
编 号	姓 名	部 门	基本工资	岗位津贴	扣 款	实发工资
101	郭靖	采购部	3,950	2,500	430	
102	黄蓉	销售部	6,400	3,500	370	
103	杨过	工程部	4,050	3,000	350	
104	张无忌	人事部	3,200	3,000	240	
105	萧峰	工程部	1,600	2,000	400	
106	王宏	人事部	3,800	2,400	280	
107	欧阳锋	销售部	2,200	3,000	320	
108	李世民	采购部	1,500	2,400	200	
109	张睿	工程部	2,450	3,000	200	
110	马钰	销售部	6,800	4,200	420	
111	李莫愁	采购部	3,500	2,500	190	

5.4.2 工作流程

（1）启动 Excel，新建一工作簿，根据表 5-3 输入数据，其中工资数据所在单元格的格式设置为数字型，使用千位分隔符，不保留小数，如图 5-8 所示。

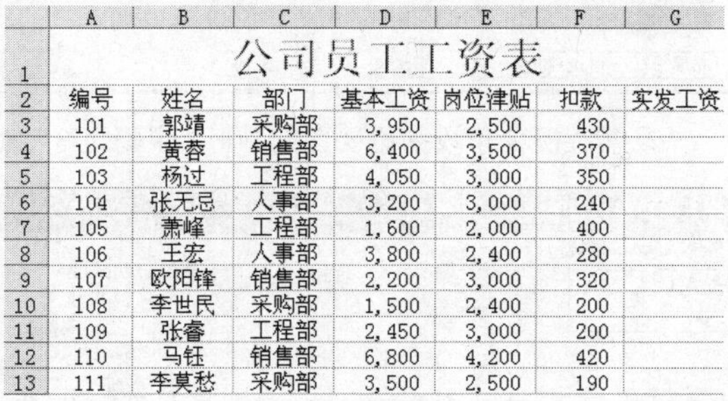

	A	B	C	D	E	F	G
1	公司员工工资表						
2	编号	姓名	部门	基本工资	岗位津贴	扣款	实发工资
3	101	郭靖	采购部	3,950	2,500	430	
4	102	黄蓉	销售部	6,400	3,500	370	
5	103	杨过	工程部	4,050	3,000	350	
6	104	张无忌	人事部	3,200	3,000	240	
7	105	萧峰	工程部	1,600	2,000	400	
8	106	王宏	人事部	3,800	2,400	280	
9	107	欧阳锋	销售部	2,200	3,000	320	
10	108	李世民	采购部	1,500	2,400	200	
11	109	张睿	工程部	2,450	3,000	200	
12	110	马钰	销售部	6,800	4,200	420	
13	111	李莫愁	采购部	3,500	2,500	190	

图 5-8 公司员工工资表

（2）计算员工实发工资。选中数据表中单元格 G3:G13，添加公式“=D3+E3-F3”，完成实发工资计算。

（3）添加数据透视表。首先选择要建立数据透视表的区域 A2:G13，然后选择菜单栏中的“数据→数据透视表和数据透视图”命令，弹出的对话框如图 5-9 所示，保留表中的默认选项，单击“下一步”按钮；弹出的对话框如图 5-10 所示，确定数据源区域A2: G13，单击"下一步"按钮；弹出的对话框如图 5-11 所示，选择新建工作表，单击其中的"布局"按钮，弹出对话框如图 5-12 所示，将字段名"姓名"拖动到"行"的位置，字段名"部门"拖动到"列"的位置，字段名"实发工资"拖动到"数据"位置，单击"确定"按钮。最终完成生成数据透视表，如图 5-13 所示。通过此透视表，可以非常方便地对比各部门员工的实发工资，辅助统计与分析。

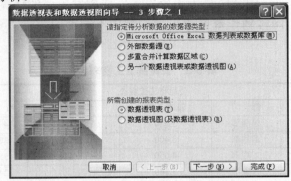

图 5-9　"数据透视表和数据透视图向导—3 步骤之 1"对话框

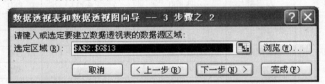

图 5-10　"数据透视表和数据透视图向导—3 步骤之 2"对话框

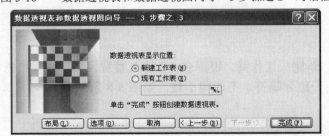

图 5-11　"数据透视表和数据透视图向导—3 步骤之 3"对话框

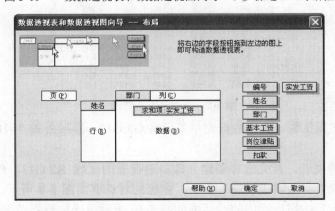

图 5-12　"数据透视表和数据透视图向导—布局"对话框

求和项:实发工资	部门 ▼				
姓名 ▼	采购部	工程部	人事部	销售部	总计
郭靖	6020				6020
黄蓉				9530	9530
李莫愁	5810				5810
李世民	3700				3700
马钰				10580	10580
欧阳锋				4880	4880
王宏			5920		5920
萧峰		3200			3200
杨过		6700			6700
张睿		5250			5250
张无忌			5960		5960
总计	15530	15150	11880	24990	67550

图 5-13　数据透视表

5.4.3　知识与技能

在发放工资时,人力资源经理会制作相应的工资明细表,完成工资计算。同时会利用数据透视表方式,针对公司员工工资收入进行一定的统计分析。

数据透视表是一种交互式统计报表,可以对大量数据进行快速汇总和建立交叉列表。创建数据透视表后,可以按照不同的需求,依据不同的关系来提取和组织各种数据。

5.5　综合实战——制作商品销售记录单

5.5.1　任务目标

根据表 5-4,制作一商品销售记录单,并完成相应的计算和统计分析任务。测试时间为 30min。

表 5-4　商品销售记录单

商品销售记录单						
日　期	名　称	销售员姓名	数　量	进　价	零售价	利　润
2006-3-7	创新音箱	李世民	12	120	168	
2006-3-8	七喜摄像头	李世民	9	110	138	
2006-3-9	COMO 小光盘	萧峰	10	1.8	4.2	
2006-3-10	COMO 小光盘	杨过	2	1.8	4.1	
2006-3-11	明基光盘	杨过	5	1.5	3.5	
2006-3-12	COMO 小光盘	李世民	2	1.8	4.2	
2006-3-13	COMO 小光盘	萧峰	11	1.8	4.2	
2006-3-14	电脑桌	杨过	3	75	120	
2006-3-15	方正 MP4	萧峰	8	320	500	
2006-3-16	COMO 小光盘	李世民	10	1.8	4.2	
2006-3-17	电脑桌	萧峰	2	75	120	
2006-3-18	COMO 小光盘	李世民	5	1.8	4.1	
2006-3-19	光鼠	杨过	6	29	48	
合计						
平均销售盈利						
盈利最大值						
盈利最小值						

5.5.2 考核评价

1. 考核具体要求

（1）依据样表（见表 5-4），制作商品销售记录单，计算出商品销售利润，利润=（零售价—进价）×数量。计算出所售商品数量、进价与零售价的合计。计算出平均销售盈利及最大盈利值和最小盈利值。

（2）排序：按照"商品名称"进行排序。

（3）分类汇总：分类字段为"商品名称"；汇总项为利润；汇总方式为"求和"。

（4）创建数据透视表：统计分析每名销售员的总销售盈利，以及每种商品总的销售利润。

（5）制作统计图表：创建统计柱形图表，对比统计分析 3 名销售人员的销售业绩。

2. 考核评分标准（见表 5-5）

表 5-5　考核评分标准

考 核 项 目	考 核 内 容	评 分 比 例
制作商品销售记录单	计算商品销售利润	5%
	计算所售商品数量、进价与零售价的合计	5%
	计算平均销售盈利	15%
	计算最大盈利值和最小盈利值	15%
	按照"商品名称"进行排序	10%
	分类汇总	15%
	创建数据透视表	20%
	制作统计图表	15%

模块6 电子相册的制作

- 掌握图像素材的获取方法
- 熟练使用 ACDSee 进行图像管理和编辑等工作

在计算机上浏览及处理数码照片的图像软件有很多种，由 ACD Systems 公司推出的 ACDSee 软件是其中最流行的一款。ACDSee 支持 TIFF、JPEG、BMP、GIF、PCX 和 TGA 等超过 50 种不同的图像文件及多媒体文件格式。使用 ACDSee，可以非常方便地完成图像的获取、浏览、管理及优化等工作。此外，ACDSee 还提供了强大的图像编辑功能，可以轻轻松松地完成数码照片的处理，并可进行批量处理。

本章将使用工作过程导向，重点介绍运用 ACDSee 10 完成数据照片的处理及电子相册的制作等的操作过程及技巧。

6.1 职业背景与训练目标

6.1.1 职业背景

近年来，数码摄影迅速普及，数码图像在存储、处理及传输等方面既方便又快捷，具有较强的时效性和表现力。工作中常常需要拍摄数码照片来及时记录会议场景、企业及员工形象、宣传产品和成果等。

数码摄影的普及也随之带来一些问题，就是如何有效地管理越来越多的数码照片？如何对有缺陷的数码照片进行修复和后期加工？

例如，某杂志社的编辑小冯，在工作中经常需要处理大量的数码照片，如照片修复、色彩及曝光的调整、照片裁剪等，一些照片稍加处理就可以变成漂亮的插图。在处理数码照片时，小冯通常使用 ACDSee 软件，更方便的是，ACDSee 提供了强大的文件管理功能，所收集的大量数码照片都得到了井然有序的保存。

6.1.2 训练目标

- 掌握图像素材的获取方法
- 熟练运用 ACDSee 浏览及管理图像文件的方法
- 掌握 ACDSee 的图像编辑功能
- 能够使用 ACDSee 制作电子相册

6.2 处理数码照片

6.2.1 任务目标

对图 6-1 所示的向日葵图片进行适当的处理，即模糊图片的背景，从而突出主体向日葵。

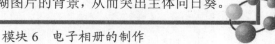

最终的处理效果如图 6-2 所示。

完成该任务将运用到以下知识与技能：

（1）使用"选择范围"工具。

（2）运用"编辑模式"编辑处理图像。

（3）运用特殊效果。

（4）将文本添加到图像中。

（5）图像保存。

图 6-1　"向日葵"原图

图 6-2　处理后的"向日葵"图片效果

6.2.2　工作流程

处理"向日葵"图片的主要操作流程如下。

1．进入"编辑模式"

（1）启动软件 ACDSee 10，在 ACDSee 浏览器中打开"向日葵"原图所在的文件夹，并选择该图片，如图 6-3 所示。

图 6-3　选择要处理的图像文件

（2）在"浏览器"中，选择"工具"→"使用编辑器打开"→"编辑模式"命令，或单击工具栏上的"编辑图像"→"编辑模式"，效果如图 6-4 所示。

图 6-4　进入编辑模式

2．建立选择范围

（1）在"编辑面板：主菜单"上，单击"选择范围"，即可打开"选择范围"面板。

（2）结合使用"编辑面板：选择范围"上的"自由套索"、"魔术棒"等工具，选择中间的一朵向日葵，如图 6-5 所示。

图 6-5　选择中间的向日葵

（3）单击"选择范围"面板中的"反转"按钮进行反选，最后单击"完成"按钮，即完成了选择范围的建立。

✎ **操作技巧**

可以将多种选择工具结合起来使用。例如，使用"魔术棒"来选择大多数特定的颜色，然后切换到"自由套索"，将更多的内容添加到选择范围，也可以从中减去一些内容。或者，使用"选取框"来选择较大的一般区域，然后使用"自由套索"来细化它。

3．应用模糊效果

（1）在"编辑面板：主菜单"上，单击"清晰度"，然后打开"模糊"选项卡。

（2）设置"模糊类型"为"高斯"，"数量"为20，效果如图6-6所示，最后单击"完成"按钮。

图6-6　设置"高斯"模糊类型

 知识扩展

ACDSee 提供了以下 5 种模糊类型。

● 高斯：产生均匀、平滑的模糊效果。

● 线性：产生带运动感的模糊效果。

● 辐射：产生围绕某个中心点的模糊效果。单击图像，可以设置中心点。

● 散布：产生涂抹或霜化的模糊效果。

● 缩放：产生向中心点或从中心点向外的内向或外向模糊效果。

4．裁剪图像

（1）在"编辑面板：主菜单"上，单击"裁剪"，然后按图 6-7 所示，对图像进行裁剪操作。

（2）单击"完成"按钮返回。

图 6-7 裁剪图像

5．在图像上添加文本

（1）在"编辑面板：主菜单"上，单击"添加文本"。

（2）在"添加文本"面板中，输入要添加的文字"向日葵"，并根据用户的喜好设置文字的颜色及样式，效果如图 6-8 所示。

（3）单击"完成"按钮返回。至此，整个图片就处理完了。

6．保存图像

（1）在"编辑面板：主菜单"上，单击"完成编辑"。

（2）在弹出的"保存更改"对话框中，单击"另存为"按钮另存图像。

101

图 6-8　在图像上添加文本

6.2.3　照片编辑与特效

1．照片编辑

拍摄数码照片时，有些照片难免会拍得不尽如人意，这时就可使用 ACDSee 对其进行处理。通过软件 ACDSee 10，可以对数码照片进行图像修复、调整亮度、调整大小等处理。

（1）修复图像

使用软件 ACDSee 10 编辑模式中的"红眼消除"和"相片修复"工具，可以很方便地修复数码照片。

红眼消除。"红眼消除"工具用于校正数码照片中的红眼。打开"红眼消除"面板后，只需单击眼睛中的红色区域，或者在上面拖动鼠标指针即可纠正颜色。

相片修复。"相片修复"工具用于祛除照片上的各种瑕疵，例如，皮肤斑点、电话线及其他不希望出现的物体、雪花或窗户的反光亮点等。

"相片修复"面板中提供了"修复"和"克隆"两个选项。

● 修复："相片修复"工具用于将像素从相片的一个区域复制到另一个区域，但在复制它们以前会对来源区域的像素进行分析。它也会分析目标区域的像素，然后混合来源与目标区域的像素，以确保替换像素的亮度和颜色能够与周围的区域相融合。"修复"选项对于处理具有复杂纹理的相片特别有效。

- 克隆："相片克隆"工具用于将像素从相片的一个区域完完全全地复制到另一个区域，从而创建一个完全相同的图像区域。对于处理简单纹理或统一颜色的相片而言，"克隆"选项更加有效。

（2）调整亮度

使用软件 ACDSee 10 编辑模式中的"曝光"和"阴影/高光"工具，可以调整数码照片的亮度级别。

曝光。"曝光"工具用于调整图像的曝光度、对比度及填充光线。如图 6-9 所示是调整曝光前的原照片，图 6-10 则是调整曝光后的效果。

图 6-9　调整曝光前的原图片　　　　　　　　图 6-10　调整曝光后的效果

阴影/高光。"阴影/高光"工具用于调整图像中太暗或太亮的区域，而不影响相片中的其他区域。例如，在阴天或是使用闪光灯拍摄的大多数相片都可以使用"阴影/高光"工具，按各种方式进行精细调整。图 6-11 和图 6-12 分别是使用"阴影/高光"工具处理前后的照片效果。

图 6-11　使用"阴影/高光"工具处理前的照片效果　　图 6-12　使用"阴影/高光"工具处理后的照片效果

2. 应用特殊效果

软件 ACDSee 10 提供了 20 多种特殊效果滤镜，如"百叶窗"、"彩色玻璃"、"铅笔画"、"油画"等。使用编辑模式中的"效果"工具可以将独特的效果添加到图像中。图 6-13 是应用特殊效果前的原图，图 6-14 则是应用了"粉笔画"后的图像效果。

图 6-13　应用特殊效果前的照片

图 6-14　应用"粉笔画"后的图像效果

3．批量编辑

软件 ACDSee 10 提供了批量编辑功能，用于对许多相片进行同一种类型的编辑操作。批量编辑的类型包括：批量转换文件格式、批量旋转/翻转图像、批量调整图像大小、批量调整曝光度等。

各个批量转换工具均可在浏览器的"工具"菜单中找到。

6.3　制作电子相册

6.3.1　任务目标

参照图 6-15 和图 6-16 所示，创建一个 HTML 相册。要求在缩略图页面的每一缩略图下面均显示该照片的文件名、标题及文件大小，在幻灯放映页面的每张照片旁边，则显示该照片的标题、拍摄时间及备注信息。

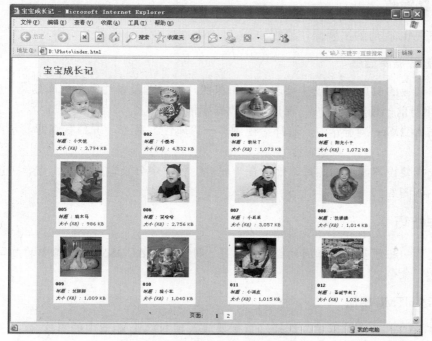

图 6-15　HTML 相册的缩略图页面

完成该任务将运用到以下知识与技能。

（1）使用"属性"窗口设置数据库信息。

（2）创建 HTML 相册。

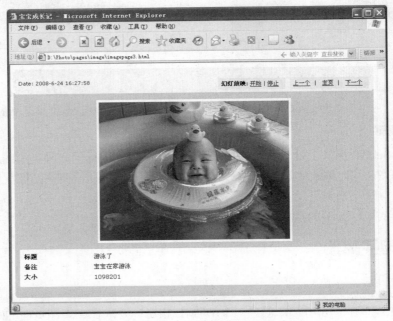

图 6-16　HTML 相册的幻灯放映页面

6.3.2　工作流程

创建 HTML 相册的主要操作流程如下。

1．设置数据库信息

由于在创建的 HTML 相册中要求显示每张照片的标题及备注等数据库信息，因此可在创建 HTML 相册前，使用"属性"窗口设置数据库信息。

（1）在 ACDSee 浏览器中，选择"视图"→"属性"命令，屏幕右侧即显示出"属性"窗口。

（2）选择要设置属性的照片，然后在"属性"窗口中分别输入标题、作者、备注、关键词等信息，如图 6-17 所示。

 操作技巧

如果想对一组照片设置相同的数据库信息，则可使用 ACDSee 浏览器中的"工具"→"批量设置信息"命令。

2．创建 HTML 相册

（1）在 ACDSee 浏览器中，选择一组想要放入到 HTML 相册中的照片。

（2）选择"创建→创建 HTML 相册"命令，在打开的"创建 HTML 相册"向导中，选择相册样式，如图 6-18 所示。

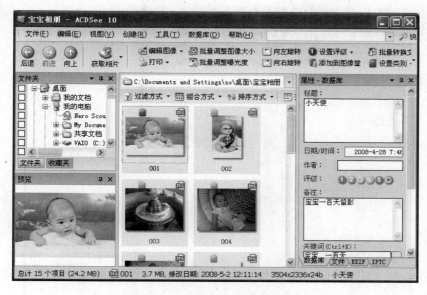

图 6-17　在"属性"窗口中设置数据库信息

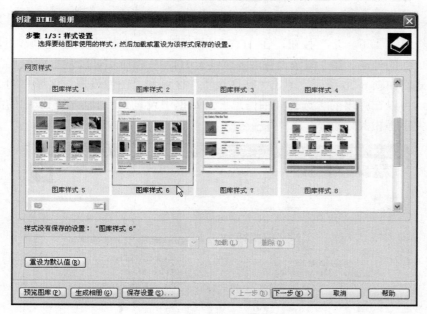

图 6-18　选择相册样式

 操作技巧

在"创建 HTML 相册"向导的每一步骤中，均可以通过单击"预览图库"按钮来查看当前设置的 HTML 相册的外观。而单击"生成相册"按钮，则可以在任意一步骤中生成 HTML 相册。

（3）单击"下一步"按钮后，在 HTML 相册向导中设置相册的标题、输出的文件夹位置等内容，并根据需要设置相册的页眉和页脚，如图 6-19 所示。

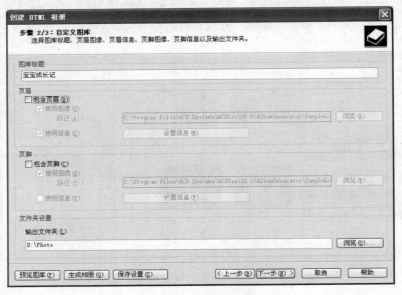

图 6-19　设置相册标题等内容

（4）继续单击"下一步"按钮，在 HTML 相册向导的"略图设置"区域，设置 HTML 相册缩略图页面的外观。在"图像设置"区域设置 HTML 相册幻灯放映页面中正常大小图像的外观与格式，如图 6-20 所示。单击"略图设置"区域和"图像设置"区域中的"选择详细信息"按钮，可以在弹出的"选择详细信息"对话框中设置要想显示在相册中的照片标题、备注、文件大小等相关信息。

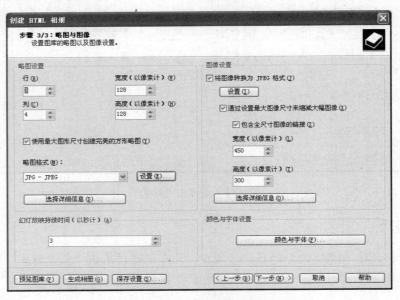

图 6-20　进行略图设置和图像设置

（5）继续单击"下一步"按钮开始创建 HTML 相册，最后单击对话框中的"完成"按钮即可。

 知识扩展

● 照片陈列室

除了可以通过 HTML 相册来集中展示数码照片，ACDSee 10 还提供了软件"ACDSee 陈列室"功能，可在计算机桌面上的一个小窗口中显示幻灯放映，如图 6-21 所示。

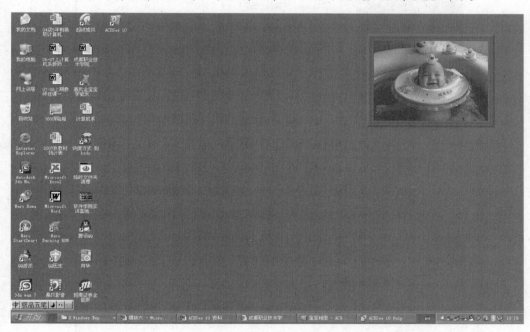

图 6-21　在桌面上显示幻灯放映

选择"创建"→"创建 ACDSee 陈列室"命令，即可使当前文件夹列表中的图像文件在陈列室窗口中以幻灯放映的形式依次显示。

使用鼠标右键单击陈列室窗口的任何位置，可在弹出的快捷菜单中选择"选项"命令，通过"ACDSee 陈列室选项"对话框，可以设置陈列室中照片的播放速度、顺序及转场效果等，另外还可以设置照片的透明度、大小及边框等。

软件 ACDSee 10 最多可以在计算机上同时运行 16 个不同的陈列室。

● 幻灯放映文件

软件 ACDSee 10 可以将一组数码照片创建成带音乐背景的幻灯放映文件，具体操作如下。

（1）选择"创建"→"创建幻灯放映文件"命令，弹出如图 6-22 所示的对话框，在其中选择要创建的幻灯放映类型，单击"下一步"按钮。

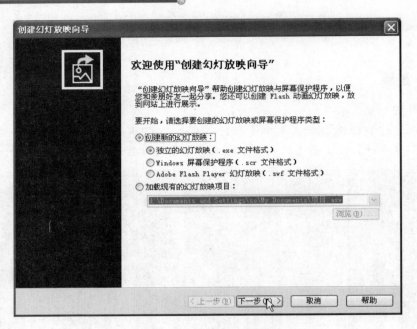

图 6-22　选择幻灯放映类型

（2）在图 6-23 所示的对话框中，单击"添加"按钮，选择一组要包含到幻灯放映中的图像，然后单击"下一步"按钮。

图 6-23　添加图像

（3）在图 6-24 所示的对话框中，可以为幻灯放映中的每个图像设置转场效果、标题及音频。

图 6-24　设置文件特有选项

（4）在图 6-25 所示的对话框中设置幻灯放映选项。单击"背景音频"栏中的"添加"按钮，即可为幻灯放映设置背景音乐。

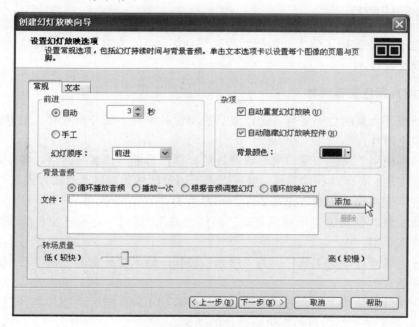

图 6-25　设置幻灯放映选项

（5）单击"下一步"按钮后，在图 6-26 所示的对话框中设置幻灯放映的图像尺寸及文件位置等信息。最后单击"下一步"按钮即可构建幻灯放映文件。

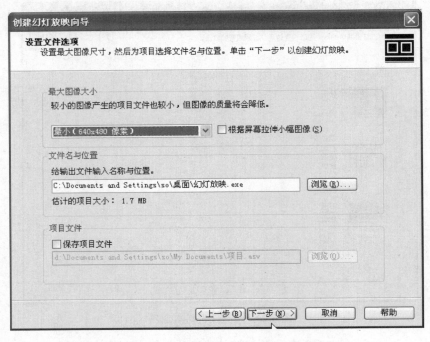

图 6-26　设置幻灯放映的图像尺寸及文件位置

6.3.3　管理数码照片

软件 ACDSee 10 提供了强大的数码照片管理功能，可以非常方便、快速地对大量的数码照片进行整理及查看。

1. 通过照片属性查看照片

当一次拍摄了大量的数码照片，而以后只想浏览其中的一部分照片时，则可通过照片的属性来准确定位照片。

首先，需要使用"属性"窗口来设置照片的标题、日期、作者、评级、备注、关键词及类别等数据库信息。有了这些信息后，就可以通过浏览区域顶部的"过滤方式"、"组合方式"或"排序方式"来准确定位到自己需要的数码照片上。

（1）过滤文件。使用浏览区域顶部的"过滤方式"，可以确定要在文件列表窗口中显示的文件与文件夹类型。

此外，还可以通过顶部工具栏中的"搜索"按钮，输入要搜索的关键字后快速查看到自己需要的数码照片。

（2）组合文件。使用"组合方式"可将照片整理到不同的组中，照片组合后会更方便查找。图 6-27 显示了按"拍摄月份"组合照片的结果。

（3）文件排序。使用"排序方式"可以根据不同的文件属性对文件进行排序，以便快速整理图像并查找特定的文件。

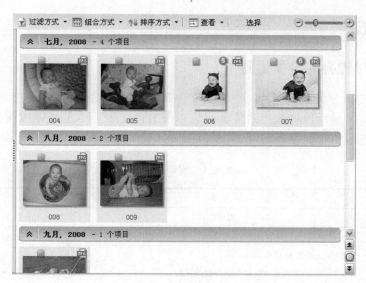

图 6-27　组合文件

2．使用收藏夹

ACDSee 还提供了强大的收藏夹功能，可以把自己喜欢的数码照片或文件夹拖放到收藏夹中，如图 6-28 所示。

把照片添加到收藏夹后，只需要单击收藏夹中的相应文件夹或文件，就可以在浏览区域快速查看到其中的照片了。

3．使用隐私文件夹

ACDSee 提供了隐私文件夹来保存不希望被别人看到的文件。隐私文件夹是加密的文件夹，可以存储机密文件。将文件放到隐私文件夹时，ACDSee 会将它们从当前位置移到隐私文件夹中。隐私文件夹受密码保护，其中的文件只有在 ACDSee 中才能查看。

创建隐私文件夹的操作步骤如下。

（1）选择"视图→隐私文件夹"命令，打开"隐私文件夹"窗口，如图 6-29 所示。

（2）在"隐私文件夹"图标处单击鼠标右键，然后在弹出的快捷菜单中选择"创建隐私文件夹"命令，并在弹出的对话框中设置密码即可。创建隐私文件夹后，将需要的文件直接拖放到"隐私文件夹"图标处，即可把文件添加到隐私文件夹内。

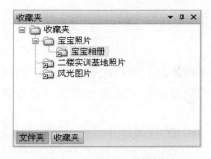

图 6-28　ACDSee 的收藏夹

图 6-29　"隐私文件夹"窗口

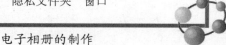

6.4 综合实战

6.4.1 制作一个漂亮的电子相册

用数码相机拍摄一组数码照片，然后在软件 ACDSee 中对这组照片进行处理，使其呈现出较好的视觉效果。最后再将这组照片制作成一个 HTML 相册。要求完成该任务目标后，由学生提交表 6-1 所示的实训报告。

表 6-1　实训报告

班级		姓名		学号	
实训指导教师		实训成绩			
工作任务	制作电子相册				
任务内容	（1）拍摄数码照片 （2）在 ACDSee 中获取并处理数码照片 （3）设置照片的数据库信息 （4）制作 HTML 相册				
工作过程					
效果图示					
实训体会					
实训建议					

6.4.2 考核评价

制作电子相册综合实战的成绩，需根据纪律考核情况、对待项目的态度、数码照片的后期处理情况、文字和图像的合理搭配、电子相册的整体浏览效果等方面进行综合评分。评分参考标准如表 6-2 所示。

表 6-2　参考评分表

序号	考 核 项 目		评分比例
1	电子相册效果	（1）电子相册有明确的主题，数码照片内容健康	70%
		（2）对电子相册中的数码照片均做了后期处理，照片的明暗、裁剪、特效等处理得当	
		（3）在电子相册中列出了文件的标题、创建日期、图像尺寸、文件大小等信息，相册中的文字格式设置美观	
		（4）电子相册的整体浏览效果好	
2	纪律考核	实训期间组织纪律性强，无迟到、早退、缺课现象，工作认真负责	10%
3	成员协作	小组成员协作精神强，所有的成员在规定时间内完成实训任务	10%
4	完成实训报告	实训报告填写认真、完整，文字表达清楚，排版规范。无雷同现象或抄袭现象	10%
合计			100%

模块 7　制作 DV

7.1　职业背景与训练目标

7.1.1　职业背景

　　DV 机是记录图像和伴音的数字式摄录一体机，由于它体积小巧，使用方便，颇受人们的欢迎。数字式摄录一体机具有国际统一的数字信号规格，便于编辑、保存，便于计算机处理和网络传输，因而在记录新闻和会议、节目、庆典等方面得到了广泛的应用。声音和图形信息，也成了计算机和网络处理的重要内容。

7.1.2　训练目标

　　（1）通过制作一段 DV 视频节目，掌握摄像、录像和编辑合成的基本操作方法。
　　（2）掌握摄像、录像、编辑相关设备的连接方法。
　　（3）训练视频节目的构思（创意）和制作技巧。

7.2　制作 DV 节目的工作流程

7.2.1　任务目标

　　（1）掌握音视频编辑的基本方法。使用 Premiere 编辑软件对音视频素材进行基本编辑操作。
　　（2）了解影音节目的合成处理过程，并掌握影音节目合成处理的操作方法。

7.2.2　编辑 DV 视频的工作流程

　　在该任务中，通过三点编辑，将"夕阳"视频素材中的傍晚森林和沙漠用"晚霞.wmv"视频素材中的内容替换。
　　三点编辑是视频编辑中常用的方法，它是通过设定 3 个编辑关键点来完成视频的编辑操作。具体地说，就是在进行两段视频编辑时，需要将一段视频剪辑的内容替换成另一段视频内容。这里，为了叙述清楚，将需要进行内容替换的视频称为时间线视频素材（因为该段视频通常需要在时间线编辑窗口中进行编辑操作），而将替换的内容片段称为源素材视频（因为该内容通常在源素材监视器中进行剪辑操作）。三点编辑就是要设置 3 个编辑关键点，即第一个点是时间线视频素材的编辑入点，第二个点是时间线视频素材的编辑出点，第三个点是源素材视频剪辑的入点。具体的操作是，先在编辑视频上通过入点和出点的标记确定需要替换的视频内容，然后在源视频素材上设定从哪一个时间点插入视频内容，经过操作，从编辑视频的入点到出点这一段时间的视频内容，就会被替换为源视频素材的内容。以此类推，四点编辑就是在三点编辑关键点的基础上再增加一个编辑关键点，即源素材视频剪辑的出点。

（1）启动 Premiere Pro 应用程序，如图 7-1 所示，在"新建项目"对话框中选择所制作视频的预置模式，这里根据实际情况的需要选择"DV-PAL"中的"Standard 48kHz"，给该项目命名，并为其设置好存储路径，然后单击 确定 按钮。

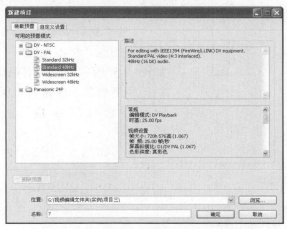

图 7-1　设置编辑程序的模式及存储路径

（2）程序进入编辑界面，在"项目"窗口的空白区域处双击鼠标左键，如图 7-2 所示；在弹出的"输入"对话框中根据相应的存储路径，选中相关素材文件，然后单击 打开(O) 按钮，将素材文件导入到"项目"窗口中。

说明：相关素材文件在书配盘"实训 7\案例素材"文件夹中。

（3）在"项目"窗口的"名称"列表中，选定"夕阳.wmv"视频文件并将其拖到"时间线"编辑窗口中的"视频 1"轨道上，作为时间线视频素材使用，如图 7-3 所示。

图 7-2　导入相关素材

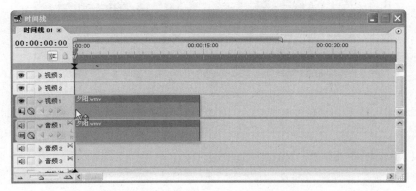

图 7-3　将素材"夕阳.wmv"导入时间线窗口中

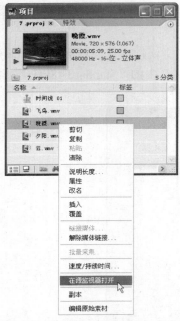

剪切
复制
粘贴
清除

说明长度…
属性
改名

插入
覆盖

链接媒体
解除媒体链接…
批量采集

速度/持续时间…

在源监视器打开

副本

编辑原始素材

（4）在"项目"窗口中，用鼠标双击"名称"列表框中的"云.wmv"视频素材或用鼠标选中"云.wmv"，然后单击鼠标右键，如图 7-4 所示，在随即弹出的快捷菜单中选择"在源监视器打开"命令。

（5）"晚霞.wmv"视频素材导入到"监视器"窗口中的源素材监视器中，作为源素材视频使用。如图 7-5 所示，监视器窗口位于右侧的时间线监视器中便会显示源素材视频"晚霞.wmv"，左侧的时间线监视器中显示时间线视频素材"夕阳.wmv"。

（6）如图 7-6 所示，在时间线监视器的控制面板上单击 ▶ 按钮，便可以在时间线监视器中的预览窗口内观看"夕阳"的视频内容。

图 7-4　"在源监视器打开"命令

图 7-5　监视器窗口

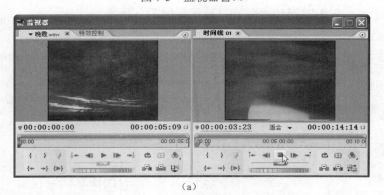

（a）

图 7-6　播放时间线视频素材

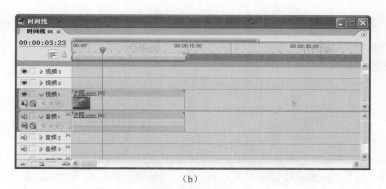

图 7-6　播放时间线视频素材（续）

（7）通过预览发现，"夕阳"的视频内容从 00:00:00:00 开始到 00:00:04:00 是落日场景片段，从 00:00:04:01 开始到 00:00:05:08 是傍晚森林场景，从 00:00:05:09 开始到 00:00:09:00 是傍晚沙漠场景，从 00:00:09:01 开始到 00:00:14:13 是傍晚海边场景，如图 7-7 所示。

（8）被导入到源素材监视器中的"晚霞.wmv"视频素材主要是傍晚的云彩，如图 7-8 所示。

图 7-7　"夕阳"的预览效果

图 7-8　"晚霞"的预览

（9）在进行三点编辑前，首先要确定编辑的思路，通过对时间线视频素材和源素材视频的预览，要将"夕阳.wmv"视频素材中的傍晚森林和沙漠用"晚霞.wmv"视频素材中的内容替换。

（10）确定了编辑思路，在时间线监视器中单击 ▶ 按钮，播放"夕阳.wmv"视频素材。可以看到，从 00:00:04:01 开始是傍晚森林场景，将"切入点"设置在此处，如图 7-9 所示，单击 ⁅ 按钮设置"切入"点。

（a）

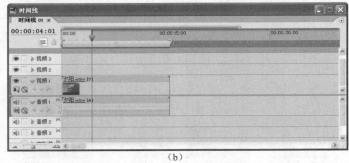
（b）

图 7-9　设置时间线视频素材切入点

（11）在 00:00:09:00 处，傍晚沙漠的结束处单击 ⁆ 按钮，将该点设置为"切出"点。如图 7-10（a）所示，时间线视频素材的"切入"和"切出"设置完成后，在"时间线"编辑窗口中，时间标尺的 00:00:04:01 到 00:00:09:00 的内容被"{}"括起，呈深色显示如图 7-10（b）所示。这段"切入"点和"切出"点之间的视频片断即将被其他素材所替换。

（12）如图 7-11 所示，用鼠标单击源素材监视器控制面板上的 ▶ 按钮，对"晚霞"视频素材的内容进行预览，以便确定准确的"切入"点。

（a）

图 7-10　设置时间线视频素材出点

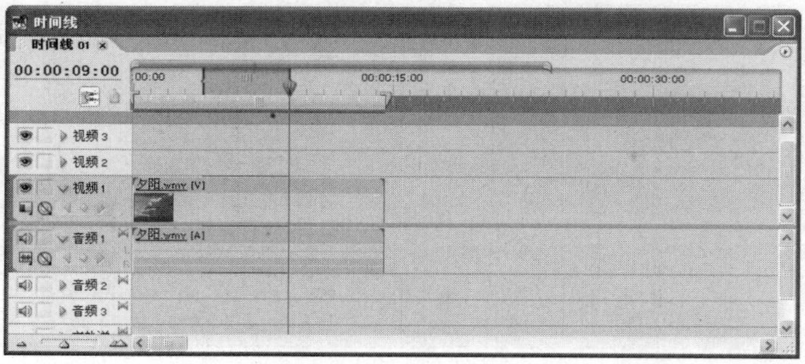

（b）

图 7-10　设置时间线视频素材出点（续）

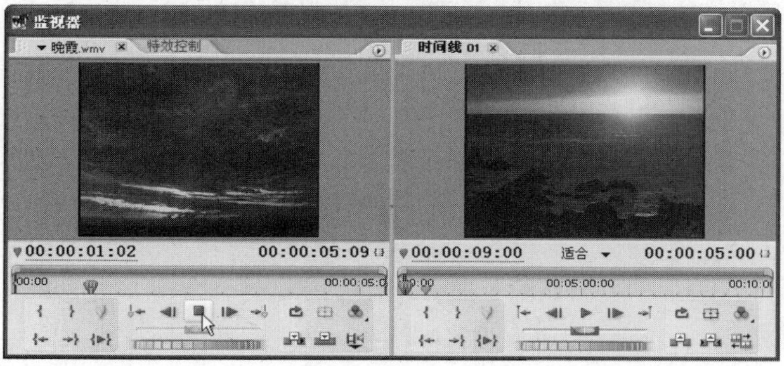

图 7-11　预览“晚霞”

（13）如图 7-12 所示，在 00:00:00:07 处单击 按钮，将该点设置为“切入”点。

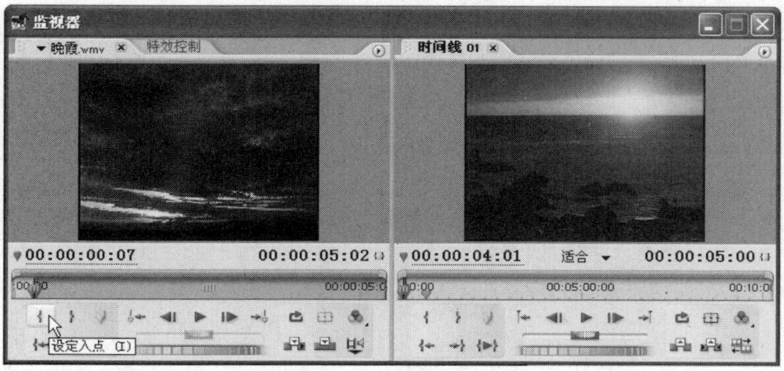

图 7-12　设置源素材视频入点

（14）三点编辑的 3 个关键点就设置完毕了。接下来，在源素材监视器的控制面板中单击 按钮，如图 7-13（a）所示。此时，“时间线”窗口中位于“视频 1”轨道上的“夕阳.wmv”，其从 00:00:04:01 到 00:00:09:00 时间段的视频内容就被“晚霞.wmv”视频素材中自 00:00:00:16 后的视频内容所替换了，如图 7-13（b）所示。

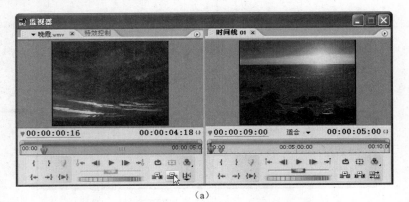

(a)

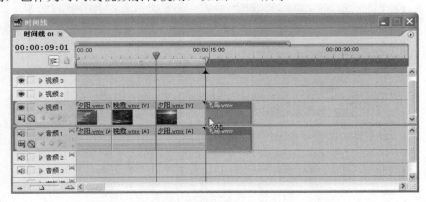

(b)

图 7-13　三点编辑

至此，就完成了一个完整的三点编辑操作。下面介绍四点编辑的操作方法。

（15）将"飞鸟"视频文件拖到"时间线"编辑窗口的"视频 1"轨道上，与"夕阳"视频素材并列，也作为时间线视频素材使用，如图 7-14 所示。

图 7-14　将素材"飞鸟.wmv"导入时间线窗口中

（16）在"项目"窗口中，用鼠标双击"名称"列表框中的"云.wmv"视频素材或用鼠标选中"云.wmv"，然后单击鼠标右键，如图 7-15 所示，在随即弹出的快捷菜单中选择"在源监视器打开"命令。

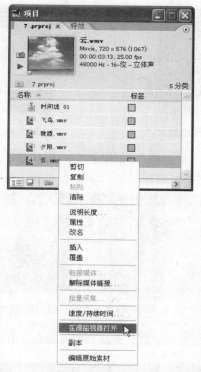

图 7-15　"在源监视器打开"命令选项

（17）"云.wmv"视频素材导入到"监视器"窗口中的源素材监视器中，作为源素材视频使用。如图 7-16 所示，监视器窗口位于右侧的时间线监视器中便会显示源素材视频"云.wmv"，左侧的时间线监视器中显示时间线视频素材"飞鸟.wmv"。

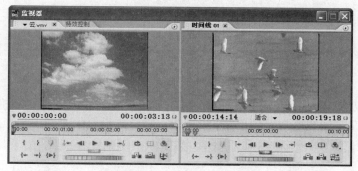

图 7-16　监视器窗口

（18）如图 7-17 所示，在时间线监视器的控制面板上单击 ▶ 按钮，便可以在时间线监视器中的预览窗口内观看"飞鸟"的视频内容。通过预览发现，"飞鸟"的视频内容是一群鸟在天空中翱翔的场景片段，如图 7-17 所示。

（19）被导入到源素材监视器中的"云"视频素材主要是云彩的变化，如图 7-18 所示。

（20）编辑思路是用"云.wmv"的视频素材替换"夕阳.wmv"视频素材中傍晚海边的内容。

图 7-17 "飞鸟"的预览效果

图 7-18 "云"的预览效果

（21）如图 7-19 所示，在"时间线"编辑窗口中拖动时间进度滑块，使当前视频的时间进度处于 00:00:09:01，然后在时间线监视器中，单击 按钮，将视频开始点标记为"切入"点。

（a）

（b）

图 7-19 设置时间线视频素材的切入点

（22）确定"切入"点后，再将"时间线"编辑窗口中的红色时间标记线拖至 00:00:14:13，如图 7-20 所示，在时间线监视器中单击 按钮，将该点设置为"切出"点。

（a）

图 7-20 设置时间线视频素材的切出点

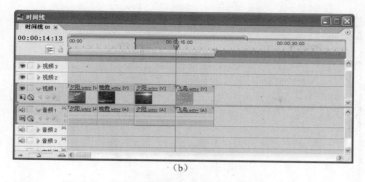

图 7-20   设置时间线视频素材的切出点（续）

（23）用鼠标单击源素材监视器控制面板上的 ▶ 按钮，对"云.wmv"视频素材的内容进行预览，以便确定准确的"切入"点。如图 7-21 所示，在 00:00:00:05 处单击 ┃ 按钮，将该点设置为"切入"点。

图 7-21   设置源素材视频切入点

最后，将鼠标指针移至"文件"菜单项，并在随即弹出的下拉菜单中选择"保存"命令，将编辑好的项目文件进行保存。

7.2.3 节目合成的工作流程

本案例中将使用 Adobe Premiere 编辑软件，对"节水"宣传短片进行合成编辑。在实际操作过程中，要使配音文件（配音.wav）与视频文件（开头.wmv 和结尾.wmv）及背景音乐（背景音乐.wav）相配合，最终制作成一段完整的节水宣传短片。

（1）启动 Premiere 应用程序，新建一个项目。在"新建项目"对话框中将该项目命名为"节目的合成处理"（见图 7-22），并为其设置好存储路径，单击 确定 按钮。

（2）程序进入编辑界面，在"项目"窗口的空白区域处双击鼠标左键。如图 7-23 所示，在弹出的"输入"对话框中根据相应的存储路径，选择"开头.wmv"、"配音.wav"、"结尾.wmv"、"背景音乐.wav" 4 个文件后，单击 打开(0) 按钮。

（3）如图 7-24 所示，4 个素材文件被导入到了"项目"窗口中。

（4）分别将"开头.wmv、结尾.wmv"两个视频文件按照顺序依次拖放到时间线窗口中的"视频 1"轨道上，如图 7-25 所示。

计算机应用基础实训（职业模块）
（Windows XP+Office 2003）（修订版）

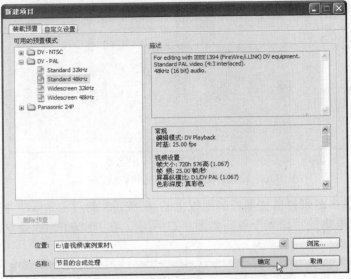

图 7-22 "新建项目"对话框

图 7-23 "输入"对话框

图 7-24 素材被导入项目窗口中

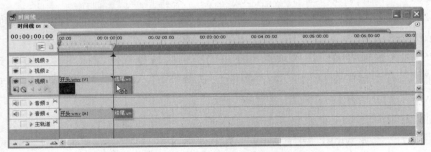

图 7-25 将视频文件拖放到视频轨道上

124

（5）将"配音.wav"音频素材文件拖放到"音频1"轨道上，如图 7-26 所示。

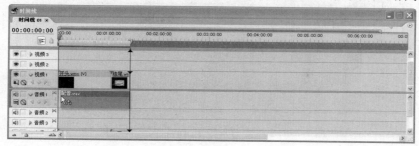

图 7-26　将"配音.wav"拖放到音频轨道上

（6）将"背景.wav"音频素材文件拖放到"音频2"轨道上，如图 7-27 所示。

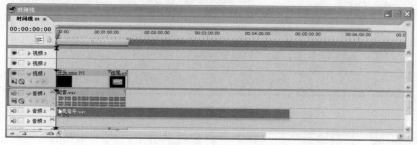

图 7-27　将"背景音乐.wav"拖放到音频轨道上

（7）通过对项目文件预览发现，应该将"背景音乐.wav"拖放到 00:00:13:11 的位置，让背景音乐从配音的"我们总说"后面开始响起。如图 7-28 所示，先将时间进度滑块拖放到 00:00:13:11 的位置，再将"背景音乐.wav"拖放到此处即可。

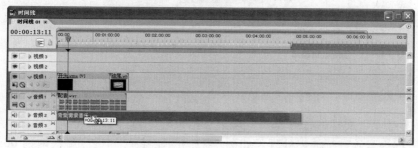

图 7-28　更改"背景音乐.wav"文件的位置

（8）由于整个视频文件的总长度为 1 分 25 秒 17 帧，而"背景音乐.wav"的总长度为 4 分 38 秒 08 帧，因此需要对"背景音乐.wav"进行裁剪，使其与视频文件同时播放完毕。如图 7-29 所示，可将鼠标放至"背景音乐.wav"的结尾处，按住鼠标左键向左拖动，直到"背景音乐.wav"的结尾与视频文件的结尾处相同即可。

（9）再次对项目文件进行预览，发现背景音乐的音量过大，选择"背景音乐.wav"音频文件，然后单击鼠标右键，在弹出的快捷菜单中选择"音频增益"命令，如图 7-30 所示。

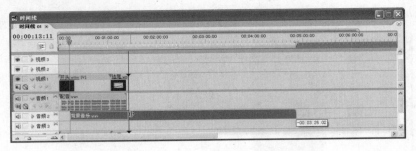

图 7-29　更改"背景音乐.wav"文件的位置

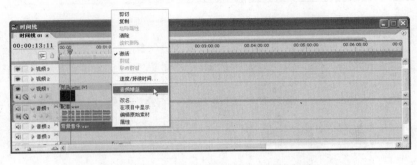

图 7-30　改变"背景音乐.wav"的音量

（10）在弹出的"素材增益"对话框中，将素材的分贝改为"-6.0dB"，单击"确定"按钮，如图 7-31 所示。

图 7-31　将素材的分贝数改为"-6.0dB"

（11）再次对项目文件进行预览，发现最后结束时，背景音乐的结尾比较生硬，因此需要对结尾处的背景音乐进行淡出处理。如图 7-32 所示，将时间进度滑块拖到 00:01:23:14 位置，选择"背景音乐.wav"音频文件，展开"监视器"窗口中的"特效控制"面板。

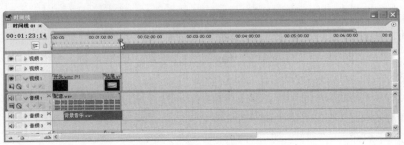

图 7-32　打开"特效控制"面板

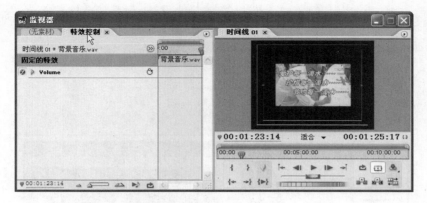

图 7-32　打开"特效控制"面板（续）

（12）展开"特效控制"面板中的"Volume"列表，设置"Level"关键帧，如图 7-33 所示。

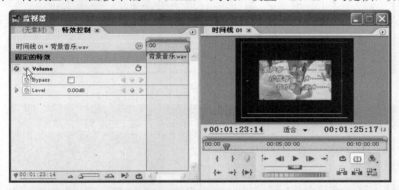

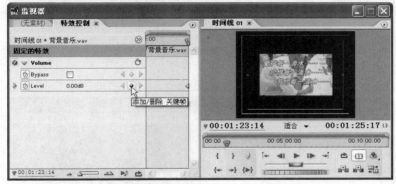

图 7-33　设置第一个"Level"关键帧

（13）将时间进度滑块拖到结尾处，即 00:01:25:17 处，并设置"Level"关键帧，如图 7-34
所示。

（14）将"Level"列表展开，修改"Level"关键帧的参数为"0.00dB"，如图 7-35 所示。

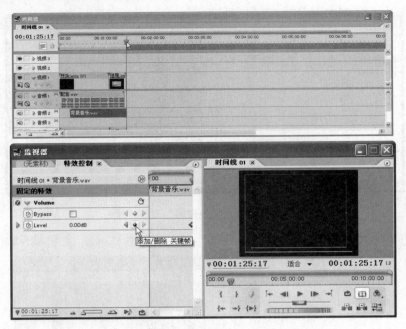

图 7-34　设置第二个"Level"关键帧

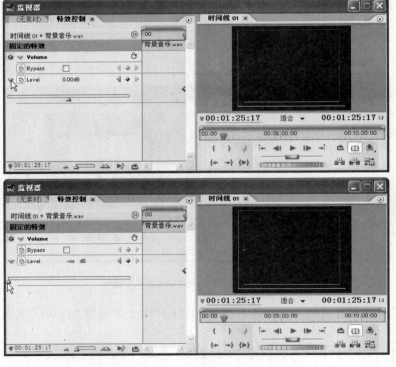

图 7-35　修改"Level"参数

　　（15）经过再次预览发现背景音乐的结尾处实现了淡出的效果，但经过仔细听配音与观察视频发现，在 00:01:02:13 处的配音"水，这一大自然的精灵"与视频画面没有配合好，需要修改。可将时间进度滑块拖到 00:01:02:11 的位置，选择工具栏中的"剃刀工具"，在 00:01:02:11 的位置处将配音文件分割，如图 7-36 所示。

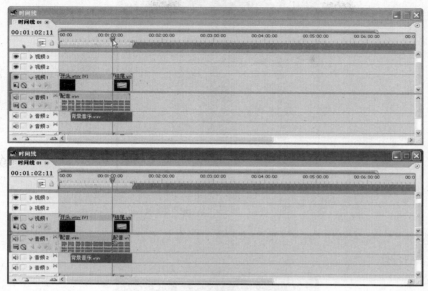

图 7-36 分割配音文件

（16）将时间进度滑块拖到 00:01:03:21 的位置，将分割后的配音文件后半部分拖动到此处，如图 7-37 所示。

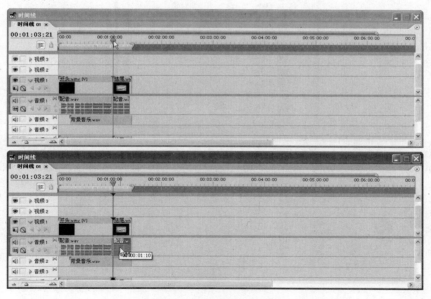

图 7-37 修改配音文件

（17）再次预览项目文件，发现配音文件与视频画面已经能够很好地配合。但在"开头.wmv"与"结尾.wmv"之间的过渡处，没有任何过渡效果，感觉有些生硬，因此需要在两个视频文件过渡处加一个视频转场特效。如图 7-38 所示，选择"项目"窗口中的"特效"

面板，展开其中的"Wipe"特效。

图 7-38　展开"Wipe"特效

（18）选择"Wipe"特效中的"带状擦除"，并将其拖动到"开头.wmv"与"结尾.wmv"之间，如图 7-39 所示。

图 7-39　设置"开头.wmv"与"结尾.wmv"的转场特效

（19）在弹出的"转换"对话框中单击 确定 按钮，如图 7-40 所示。

图 7-40　确定转换

（20）选择工具栏中的放大镜工具，对"时间线"中的素材进行放大显示，如图 7-41 所示。

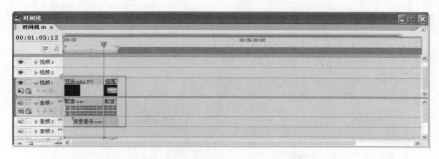

图 7-41　放大显示"时间线"窗口中的素材

（21）选择到"开头.wmv"与"结尾.wmv"之间的转场特效，并打开"监视器"窗口中的"特效控制"面板，如图 7-42 所示。

图 7-42　展开"特效控制"面板

模块 7　制作 DV

（22）单击"特效控制"面板中的 自定义 按钮，如图 7-43 所示。

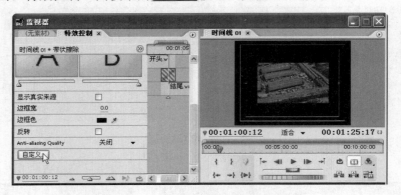

图 7-43　对转场特效进行自定义设置

（23）在弹出的"带状擦除设置"对话框中设置"带子数目"为"10"，如图 7-44 所示。

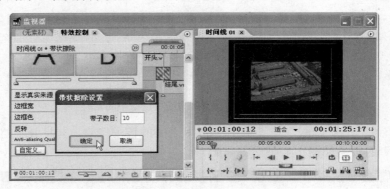

图 7-44　设置带子数目

（24）再次预览项目文件，此时，项目已经基本达到要求，最后将整个项目文件输出成影片即可，如图 7-45 所示。

图 7-45　输出影片

7.3 综合实战

7.3.1 编辑一段节目

利用手头现有的视频资料，编辑一段视频节目（如城市介绍、游记和比赛等），并进行综合赏析。

7.3.2 考核评价

（1）基本要求：编辑的节目应有一个明确的主题，节目内容完整，播放流畅。

（2）细节要求：画面美观，镜头切换自然。

（3）扩展要求：特技效果运用合理，能够在节目中应用多种媒体素材。

133

模块 8 产品介绍演示文稿的制作

任务目标

- 能够根据要求完成演示文稿设计
- 掌握幻灯片操作
- 掌握其他幻灯片制作技巧

PowerPoint 2010 是用于设计制作专家报告、教师授课、产品演示、广告宣传的电子版幻灯片，制作的电子文稿可以通过计算机屏幕或投影机播放。产品介绍演示文稿是使用最为广泛的一种演示文稿形式，可以用来介绍公司代理的产品宣传片，也可以介绍企业生产的产品的宣传片，还可以用来介绍公司的方案等。

8.1 职业背景与训练目标

"学就是为了用，用上了才算学会"。在什么地方用？在工作中用，能够解决工作中的问题。

134

8.1.1 职业背景

制作专业演示文稿的软件——PowerPoint 的使用范围十分广泛，能够应用于各种展示领域：应用于产品制造厂制作产品宣传片，应用于广告公司制作广告宣传片，应用于公共场合制作电子公告片，应用于文化传播公司制作方案策划片，应用于培训机构制作电子教案等。在日常工作中，经常要与 PowerPoint 打交道的职业主要有：公司文秘、行政管理人员、财务人员、市场调研、销售及学校教师与专业培训师等。

公司文秘、行政管理人员使用 PowerPoint 软件主要是制作一些简易的演示文稿，如电子公告、简易宣传片、公司的规章制度、企业文化的宣传、公司情况介绍等。财务人员使用 PowerPoint 主要是制作一些财务报表向企业介绍单位财务开支情况等，使用技术主要是图表的操作。营销人员使用 PowerPoint 主要是制作一些产品宣传片、方案推介片、方案推广片等，使用的技术比较全面，需要全面掌握 PowerPoint 的操作技能与技巧。学校教师或专业培训师是使用 PowerPoint 最为广泛的一种职业群体，使用场合主要是课堂或培训室，他们使用 PowerPoint 主要是制作教学用的电子课件，使用技术主要是文本和图片等操作。

8.1.2 训练目标

通过本章的训练与学习，我们需要实现以下的技能目标。
（1）能够根据实际要求完成演示文稿方案的设计。
（2）能够根据设计的方案收集与组织素材。

（3）能够根据演示文稿主题确定配色方案。

（4）能够根据演示文稿主题确定动画方案。

（5）能够根据自己公司的特定情况制作有公司特色的幻灯片母版或模板。

（6）熟练掌握文档操作：演示文稿的创建、打开、关闭、保存、重命名及模板的使用。

（7）掌握幻灯片操作：插入、删除、复制、移动、隐藏。

（8）能在演示文稿中插入、复制或移动文字、图形、表格和多媒体对象等。

（9）能对幻灯片中的文字设置格式、选用版式，并能对各种对象使用预设动画。

（10）掌握幻灯片切换效果的设置。

（11）建立幻灯片之间的链接。

（12）掌握常用的幻灯片制作技巧。

8.2　景点宣传片的制作

2008 年 5 月 12 日，中国四川省发生了 8 级大地震，给四川人民带来了巨大的灾难，四川很多美丽的地方成为了一片废墟，也给四川的旅游业带来了毁灭性的打击。在全国人民的共同努力下，短短几个月的时间，灾区人民恢复了生产，很多的旅游景区恢复了对外开放。现在暑期旅游旺季到来之际，很多旅行社业务经理制作了精美的四川旅游宣传片，向广大客户宣传四川之美，以支援四川的灾后重建。

8.2.1　任务目标

根据任务内容的描述，需要制作的演示文稿是景点宣传片，景点宣传片需要突出的是景点的美，据此确定宣传片的制作任务目标如下。

（1）收集足够的四川风土人情及各大旅游景点的文字与图片资料。

（2）整体规划设计方案和配色方案等。

（3）完成演示文稿的制作。

（4）完成演示文稿的后期设置。

（5）播放演示文稿以检查演示文稿中的错误之处。

（6）演示文稿定稿。

8.2.2　工作流程

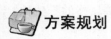

四川，天府之国，拥有很多的自然景观与人文景观，旅游资源丰富，是众多国内外游客旅游的首选之地。2008 年 5 月 12 日，中国的四川地区发生了 8 级地震，给四川人民带来了巨大的打击，也给四川的旅游业带来了巨大的冲击。全国人民在最短的时间内行动起来，捐款捐物，积极参与灾区生产生活恢复工作，向全世界展现了中华儿女团结一心，共度危难的

决心。

由于四川的旅游资源非常丰富，有很多著名的旅游景区，景点宣传片演示文稿将围绕四川的民俗文化、地方物产、旅游交通和旅游景点等内容制作导航，围绕一个著名的景点介绍该景点的旅游资源。导航的制作使用动画的触发器，制作下拉式菜单导航效果，景点介绍将使用自选图形组合，在幻灯片中将使用视频文件、声音文件，并为对象添加交互动作以达到宣传的效果。色彩上以绿色为主色调，配合各景点的其他真实色彩，以达到赏心悦目的效果。

素材收集与整理

素材收集与整理是演示文稿制作成功与否的关键，素材收集的丰富，在制作演示文稿时，选择性就大，使用起来就游刃有余。

素材收集要根据演示文稿的主题及幻灯片的内容来确定收集的项目与内容。本例的四川景点介绍宣传片可以根据确定的景点对象进行素材收集。如收集九寨沟、黄龙、峨眉山、乐山大佛、四姑娘山等著名景点的图片、文字介绍、风土人情、民间传说、视频介绍等素材。

素材收集后要对其进行整理分类，不同类型的素材使用不同的文件夹存放，这样在演示文稿制作过程中就不会出现素材找不到的现象。如可以建立一个"四川景点素材"文件夹，在该文件夹下再创建一些分景点文件夹，如"九寨沟"、"峨眉山"等，在每个子文件夹中再建立如"图片"、"文字介绍"、"风土人情"、"民间传说"等文件，将每个景点的介绍内容也按类规划整理，以方便演示文稿的制作。

素材来源的渠道比较多，可以通过互联网、图书馆、各种类型的旅游杂志等。现在人们的信息资源 80%以上来源于互联网，但是在网络上获取资源的时候，不能全部相信网络资源的正确性，很多网站并不对提供资源的正确性加以保证，在演示文稿中不能出现科学性的错误。

素材处理

素材的处理主要涉及三个方面：图片的处理、文字材料的整理和音视频材料的处理。

图片的处理主要是使用相关的图片处理软件对图片进行必要的裁剪、修复、渲染等处理，以达到美化图片的效果。文字材料的整理是将收集到的文字材料进行整理、对照、阅读，将需要的文字资料加以整理修饰，以达到制作演示文稿的要求。音视频材料的处理一般不会用到，如果用到，在处理上是使用编辑软件对其进行剪辑、配音等操作。

演示文稿的制作

演示文稿的制作是使用 PowerPoint 软件将收集的资料按照设计思路制作成宣传片的过程。演示文稿制作时要按照先制作后设置的原则进行，这样能够保持演示文稿风格的一致性。

后期处理

后期处理是将制作与设置好的演示文稿播放，查看播放的效果，效果不理想的地方再进行修改。对幻灯片中出现的文字错误进行修改，修改完成后，将幻灯片所用到的素材及演示文稿进行打包，以方便演示文稿的迁移。

8.2.3 知识与技能

一、幻灯片版式

版式设计是将平面设计中的各种组成要素（图、文、色彩）进行艺术地重新组合、调度与安排，是一种视觉表达方式，其具有阅读信息，有助于内容表达及起到美化版面的作用。版式设计的最终目的是使版面产生清晰的条理性，用悦目的组织来更好地突出主题，达到最佳诉求效果。版式设计的核心就是吸引人的视线。

版式设计的原则：

- 让观看者在享受美感的同时，接受作者想要传达的信息
- 主题鲜明突出
- 形式与内容统一
- 强化整体布局

版式设计的基本原则。

1．直观

醒目的标题：标题确定兴趣，因此，标题字体要大，标题是对内容的概括。如图 8-1 所示。

图 8-1　醒目的标题

2．易读

"易读"是在文字排版当中必须要追求的，能够辨认的最小字体、易于阅读的字间距和行间距的保持、严谨而简明的文字排布等。

（1）对齐

为了达到易读的效果，首先要从文字"对齐"开始。

（2）视线流

人的眼睛会根据视觉心理而发生视线的流动。通过对这一点的利用，阅读中就会产生"视线流"，这也叫视觉引导。

（3）醒目的插图

为了捕捉人的视线，会将图案或照片作为醒目的插图。如图 8-2 所示。

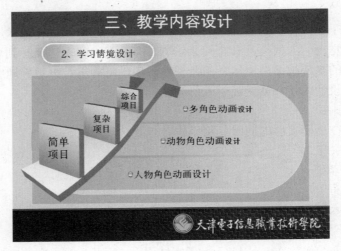

图 8-2　醒目的插图

3．文本视觉风格的一致

● 统一的标题字体、字号、字体样式
● 统一的正文字体、字号
● 标题的位置遵循母版的版面位置
● 简单明了的字体颜色及样式

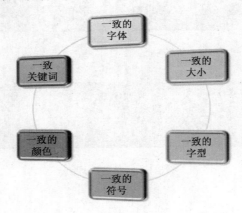

图 8-3　文字排版的六个一致

4．常见的幻灯片版式

（1）页眉、正文、页脚三栏，如图 8-4 所示。

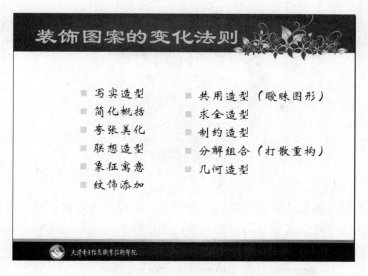

图 8-4　页眉、正文、页脚三栏

（2）页眉、正文两栏，如图 8-5 所示。

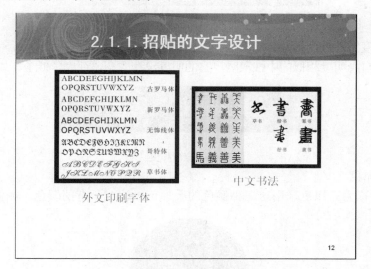

图 8-5　页眉、正文两栏

二、色彩基础知识

1. 色彩三要素

色相是色彩的第一要素，色相即色名，是区分色彩的名称，也就是色彩的名字，就如同人的姓名一般，用来辨别不同的人，色相是颜色的相貌。在可见光谱上，人的视觉能感受到红、橙、黄、绿、蓝、紫这些不同特征的色彩，人们给这些可以相互区别的色彩定出名称，当我们称呼到其中某一色彩的名称时，就会有一个特定的色彩印象，这就是色相的概念。不同的色相发射不同波长的光波，各色相之间并没有明显的边界，六色光谱完全可以形成一个天衣无缝的圆环，就是色相环。红、橙、黄、绿、蓝、紫等每个字都代表一类具体的色相。如图 8-6 所示。

图 8-6　色相环

明度是色彩的第二要素，是指色彩的明暗程度，明度光线强时，感觉比较亮，光线弱时感觉比较暗，色彩的明暗强度就是所谓的明度，明度高是指色彩较明亮，而相对的明度低，就是色彩较灰暗。如图 8-7 所示。

图 8-7　明度

饱和度即彩度指的是色彩的鲜艳程度，是色彩的第三要素，它取决于一种颜色的波长单一程度。当混入与其自身明度相似的中性灰时，它的明度没有改变，纯度降低了。如图 8-8 所示。

图 8-8　饱和度

2．光的三原色

红、绿和蓝称为三原色，用这三种颜色的叠加可以构成所有的颜色，如图 8-9 所示。

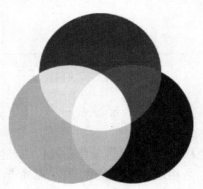

图 8-9　三原色

3．互补色

一般在色相环直径两端的色为互补色。如图 8-10 所示的是红与绿、黄和紫、橙与蓝等互补色。

4．邻近色

色相环上间隔60度左右的色相组合，为邻近色关系的色相对比构成。视觉效果和谐，色相差小，因此对比柔和。

5．类似色

色相环上间隔30度左右的色相组合，为类似色关系，是最弱的色相对比，类似色对比在视觉中所能感受到的色相差很小，对比富有微妙变化。

图8-10　互补色

三、配色基本原理

幻灯片视觉效果的好与坏，配色因素至少占有30%的比重。配色是否恰当不仅影响观看幻灯片的视觉舒适度，而且也起到了传达主题的作用。

色彩是版式设计中不可缺少的要素，同时也被频繁应用于视觉引导中。颜色会对人的生理和心理造成影响，虽然配色本身并不十分困难，但对其基本规则的把握是非常重要的。一般来说，配色方案包含背景色、线条和文本颜色。

1．以色相为基础的配色

（1）同一色相配色

同一色相配色，指的是相同的颜色在一起的搭配。在同一色相配色时，选定一种色彩，然后调整明度或饱和度，产生新的色彩，看起来色彩统一，有层次感。如图8-11所示。

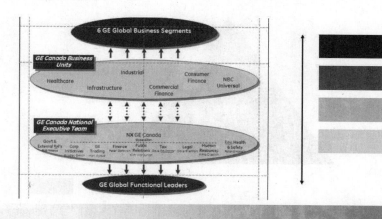

图8-11　同一色相配色

（2）类似色相配色

类似色相配色，是色相环中类似或相邻的两个或两个以上的色彩搭配。例如：黄色、橙黄色、橙色的组合；紫色、紫红色、紫蓝色的组合等都是类似色相配色。类似色相的配色在大自然中出现得特别多，像春天树丛中的绿叶，有嫩绿、鲜绿、黄绿、墨绿等，这些都是类似色相。如图 8-12 所示。

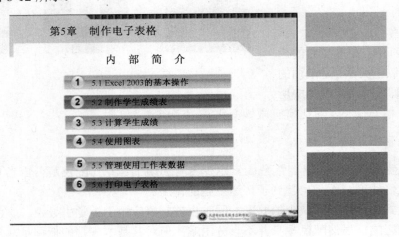

图 8-12 类似色

（3）对比色相配色

对比色相配色，是指在色环中，位于色相环圆心直径两端的色彩或较远位置的色彩搭配。对比色相是差异较大的两色组合。对比色调因色彩的特性差异，造成鲜明的视觉对比，有一种相映或相拒的力量使之平衡，因而产生对比调和感。如图 8-13 所示。

案例2：新产品研发阶段图

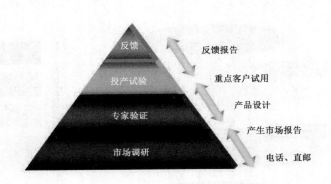

图 8-13 对比色配色

（4）冷暖色相配色

冷色与暖色是依据心理错觉对色彩的物理性分类，大致由冷、暖两个色系产生。波长长的红光和橙、黄色光，本身有暖和感，以此光照射到任何色都会有暖和感，这些颜色会给人以温暖、舒适、有活力的感觉。相反，波长短的紫色光、蓝色光、绿色光，有寒冷的感觉，使用这些颜色配色会显得稳定和清爽。如图8-14和图8-15所示。

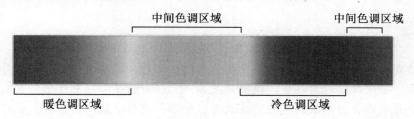

暖色：玫瑰红、大红、朱红、橘红、橘黄、黄
冷色：青绿、青、湖蓝、天蓝、群青、蓝、普蓝、蓝紫
中间色：柠檬黄、黄绿、草绿、绿、紫、紫红

图8-14　冷暖色相

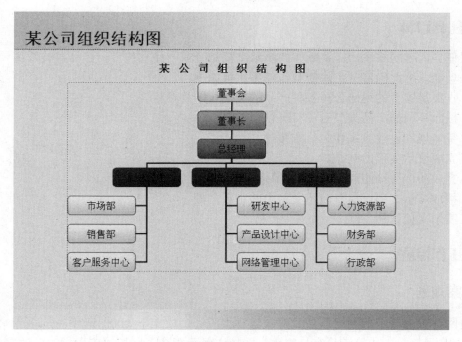

图8-15　冷暖色配色

冷色与暖色除去给我们温度上的不同感受以外，还会带给我们一些其他的感受，例如，重量感、湿度感等。比如，暖色看起来会偏重，冷色看起来会偏轻；暖色有密度强的感觉，冷色有稀薄的感觉；两者相比较，冷色的透明感更强，暖色则透明感较弱；冷色显得湿润，

143

模块8　产品介绍演示文稿的制作

暖色显得干燥；冷色与暖色能产生空间效果，冷色有后退感和收缩感，它们看起来有远离观众的效果，所以适于做页面背景；暖色则有迫近感和扩张感，这些颜色产生的视觉效果使其更贴近观众。

8.3 产品宣传片的制作

 任务描述

锐捷网络是中国网络设备生产厂家中的著名自主品牌，成立于 2000 年 1 月。多年来，锐捷网络秉承"敏锐把握应用趋势，快捷满足客户需求"的核心经营理念，在激烈的市场环境中，实现了超常规、跨越式的发展。在教育、金融、电信、政府、企业、医疗、军队等信息化建设领域确立了全面的领先地位，是国产品牌的骄傲。

锐捷网络公司经过多年的发展与技术研发，开发出了从入门级到核心级的网络设备，成为我国著名的网络产品供应商，请收集锐捷网络公司的主要网络产品资料及技术资料制作一个锐捷产品宣传片。

8.3.1 任务目标

根据任务内容的描述，需要制作的演示文稿是企业产品宣传片，产品宣传片需要突出的是产品的功能，据此确定宣传片的制作任务目标如下。

（1）收集足够多的锐捷公司各种产品的文字与图片资料。

（2）按照不同的产品类型对资料进行分类。

（3）整体规划设计方案和配色方案等。

（4）完成演示文稿的制作。

（5）完成演示文稿的后期设置。

（6）播放演示文稿以检查演示文稿中的错误之处。

（7）演示文稿定稿。

8.3.2 工作流程

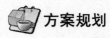 方案规划

锐捷网络国内著名的网络设备及解决方案供应商，成立于 2000 年 1 月。多年来，秉承"敏锐把握应用趋势，快捷满足客户需求"的核心经营理念，坚持"应用领先"的发展道路，锐捷网络实现了超常规、跨越式的发展，成长为网络设备民族第一品牌，跻身中国网络市场三大供应商之列。

锐捷公司的产品线很长，有交换机系列、路由器系列、无线局域网设备、网络安全产品、存储产品、语音产品及机柜等。人们在构建局域网的时候使用的设备主要是交换机、路由器和网络安全产品，在构建无线局域网时主要使用无线局域网设备，所以，演示文稿中主要介绍的产品是交换机、路由器、无线设备和网络安全设备。考虑到介绍的是网络设备，目录页

144

采用自选图形组合的星形结构，中间点为锐捷公司的 Logo，其他点为各分系列产品。演示文稿的主色调为蓝色，演示文稿主要内容以介绍产品性能为主。

 ## 素材收集与整理

　　本例是介绍一个品牌的网络产品与设备，素材主要来源于该品牌的公司网站，以及一些产品代理商的网站。素材主要以技术文档、产品图片为主。公司官方网站上的产品图片由于拍摄角度问题，可能不一定符合要求，必要的情况下，可以自己拍摄或使用绘图软件绘制。技术文档一定要保证专业术语的正确性，不能出现科学性错误。

　　素材的整理可以采用上一个项目的方法，将素材按门类整理存放以方便使用。

 ## 素材处理

　　本例中素材的处理主要涉及图片的处理与文档的处理。

　　图片的处理主要涉及网络设备的产品图片，如果是在官方网站上下载的图片一般是符合演示文稿播放要求的，基本上不需要，但需要确定产品图片所对应的产品型号。如果是用户自己拍摄的图片，就需要对其进行必要的修饰与调整，才能达到演示文稿制作的要求。

　　文档的处理主要涉及文档内容的筛选。由于演示文稿中所展示的内容是有一定限制的，不能将技术文档的内容全部在幻灯片中展示，需要对文档的内容进行筛选，选择最能反映产品性能的文档内容或明显比其他产品有优势的内容进行展示。

 ## 演示文稿的制作

　　本例中的演示文稿的制作可以考虑使用一些特殊的技术以起到烘托产品的效果，如可以使用聚光灯效果以突出显示产品，或设置动画的强调效果等。

 ## 后期处理

　　后期处理是将制作与设置好的演示文稿播放，查看播放的效果，效果不理想的地方再进行修改。对幻灯片中出现的文字错误进行修改，修改完成后，将幻灯片所用到的素材及演示文稿进行打包，以方便演示文稿的迁移。

8.3.3　知识与技能

1. 常见的音频文件类型

　　声音文件有多种存储格式，原则上，不同的声音格式需要不同的播放器；实际上，现在的播放器大都支持多种格式。

（1）MID 和 RMI 格式

　　这两种扩展名表示该文件是 MIDI 文件，是目前最成熟的音乐文件格式之一。MID 文件的优点是所占存储空间比波形声音小得多。另外，与波形声音相比，MIDI 声音在编辑修改方面也是十分方便灵活的，例如，可以任意修改曲子的速度、音调，也可以改换不同的乐器等。其缺点是播放效果因软、硬件而异。

（2）WAV 格式

WAV 文件是真实声音数字化后的文件，是 Windows 存放数字声音的标准格式，由于微软公司的影响力，目前也成为一种通用性的数字声音文件格式，几乎所有的音频处理软件都支持 WAV 格式。虽然 WAV 格式具有很高的音质，但数据没有经过压缩，文件所占存储空间很大（1min 的 CD 音质需要 10MB），不适于在网络上传播。

（3）MP3 格式

其全称为 MPEG Audio Layer3。由于 MP3 具有压缩程度高（1min CD 音质音乐一般需要 1MB）、音质好的特点，所以 MP3 是目前最为流行的一种音乐文件。

（4）RA、RAM 格式

这两种文件是由 Real 公司开发的，用于网络上实时数字音频流技术的文件格式。由于它主要用于实时的网上传播，所以在高保真方面远远不如 MP3，但在只需要低保真的网络传播方面却有很大优势。

（5）ASF、ASX、WMA、WAX 格式等

ASF 和 WMA 都是微软公司为了与 Real 公司竞争而开发的网上流式数字音频压缩技术。这种压缩技术同时兼顾了保真度和网络传输的需求。由于微软公司的影响力，这种音频格式现在正获得越来越多的支持，如 WinAMP、Windows 的媒体播放器等都可以播放。

PowerPoint 支持的音频文件类型主要有以下几种：

AIFF 音频文件（.aiff）。

AU 音频文件（.au）。

MIDI 文件（.mid）。

MP3 音频文件（.mp3）。

Windows 音频文件（.wav）。

Windows Media 音频文件（.wma）。

其中，AIFF 音频文件是 Apple（苹果）计算机上面的标准音频格式，属于 QuickTime 技术的一部分。由于 Apple 计算机多用于多媒体制作及新闻出版行业，因此几乎所有的音频编辑软件和播放软件都支持 AIFF 格式。

AU 音频文件是 UNIX 操作系统下一种常用的音频格式，这种格式本身也支持多种压缩方式，但文件结构的灵活性就比不上 AIFF 和 WAV。由于其本身所依附的平台不是面向广大普通用户的，所以对其了解的人并不多。但由于这种格式出现了很多年，所以许多播放器和音频编辑软件都提供了读/写支持。

2. 常见的视频文件类型

视频文件可以分成两大类：影像（Video）文件和流式视频文件。

（1）影像格式

- AVI 格式。AVI 的专业名称叫作音频视频交错格式。它是由微软公司开发的一种数字音频与视频文件格式，可被大多数操作系统直接支持。AVI 格式允许视频和音频交错在一起同步播放，但 AVI 文件没有限定压缩标准，不具有兼容性。不同压缩标准生成的 AVI 文件，就必须使用相应的解压缩算法才能将其播放出来。AVI 的优点在于兼容好、调用方便、图像质量好，但缺点也是比较突出的，那就是文件体积过于庞大。

- MPEG 格式。MPEG（Moving Pictures Experts Group，动态图像专家组）的压缩标准是针对运动图像而设计的，采用有损压缩方法减少运动图像中的冗余信息，从而达到高压缩比。平均压缩比为 50：1，最高可达 200：1。同时图像和音响的质量也非常好，并且在微机上有统一的标准格式，兼容性相当好。MPEG 标准包括 MPEG 视频、MPEG 音频和 MPEG 系统（视频、音频同步）3 个部分。

- MOV 格式。QuickTime 格式是 Apple 公司开发的一种音频、视频文件格式。QuickTime 用于保存音频和视频信息，支持 25 位彩色，支持领先的集成压缩技术，提供 150 多种视频效果，并配有 200 多种 MIDI 兼容音响和设备的声音装置。该种格式也可以作为流式视频格式。

（2）流式视频格式

这种流式视频格式（Streaming Video Format）采用一种"边传边播"的方法，即先从服务器上下载一部分视频文件，形成视频流缓冲区后实时播放，同时继续下载，为接下来的播放做好准备。这种"边传边播"的方法，避免了用户必须等待文件全部下载完毕才能观看的缺点。到目前为止，Internet 上使用较多的流式视频格式主要是以下 3 种：

- RM 格式。RM 格式是 Real Networks 公司开发的一种新型流式视频文件格式，是目前 Internet 上最流行的跨平台的客户/服务器结构多媒体应用标准，其采用音频/视频流和同步回放技术实现了网上全带宽的多媒体回放。Real Media 软件可以根据网络数据传输速率的不同制定了不同的压缩比率，从而实现在低速率的广域网上进行影像数据的实时传送和实时播放。

- ASF 格式。微软公司推出的 Advanced Streaming Format（ASF，高级流格式），也是一个在 Internet 上实时传播多媒体的技术标准。使用 MPEG4 的压缩算法，所以压缩率和图像质量都很不错。ASF 的主要优点包括：本地或网络回放、可扩充的媒体类型、部件下载以及扩展性等。

- WMV 格式。它的英文全称为 Windows Media Video，也是微软公司推出的一种采用独立编码方式，并且可以直接在网上实时观看视频节目的文件压缩格式。WMV 格式的主要优点包括：本地或网络回放、可扩充的媒体类型、部件下载、可伸缩的媒体类型、流的优先级化、多语言支持、环境独立性、丰富的流间关系及扩展性等。

PowerPoint 2003 支持的视频文件类型有以下几种：

- Windows Media 文件（.asf）。
- Windows 视频文件（.avi）。
- 电影文件（.mpeg）。
- Windows Media 视频文件（.wmv）。

3．局域网中的常用设备

局域网是最常见的网络，使用的网络设备主要有：交换机、路由器、网卡、无线网卡、无线路由及防火墙等。

交换机也叫交换式集线器，它通过对信息进行重新生成，并经过内部处理后转发至指定端口，具备自动寻址能力和交换作用，由于交换机根据所传递信息包的目的地址，将每一信息包独立地从源端口送至目的端口，避免了和其他端口发生碰撞。

路由器是网络中进行跨网络连接的设备，网络设备处于同一个网络中，通常不需要使用路由器，在局域网中，路由器的使用量很小，主要应用于广域网中。路由器在网络的主要作用是路径的选择。

防火墙原来是指两幢房屋之间可以防止火灾发生时火势蔓延到其他房屋的墙。网络上的防火墙是指隔离在本地网络与外界网络之间的一道防御系统，通过分析进出网络的通信流量来防止非授权访问，保护本地网络安全。

8.4 综合实战

8.4.1 任务描述

将班级学生按 4 人一组进行分组，各小组中的每一位成员完成下列 4 个项目中的一个，成员间选择的项目不允许重复。项目完成后，每个小组推选一位成员将所完成的项目在班级展示（4 个项目均要演示）并详细讲解最好的一个项目，其他同学为该项目评分，评定出的成绩记为小组成绩，同时记为每个同学的成绩。

项目一： 总部设在青岛的海尔集团是世界第四大白色家电制造商，是中国最具价值品牌之一。旗下拥有 240 多家法人单位，在全球 30 多个国家建立本土化的设计中心、制造基地和贸易公司，全球员工总数超过 5 万人，重点发展科技、工业、贸易、金融四大支柱产业，已发展成全球营业额超过 1000 亿元规模的跨国企业集团，旗下产品涉及冰箱、空调、洗衣机、电视机、热水器、电脑、手机、家居等领域。

请你收集海尔集团主要产品的资料，制作一个介绍海尔集团系列产品的演示文稿。

项目二： 联想集团成立于 1984 年，由中科院计算所投资 20 万元人民币、11 名科技人员创办，到今天已经发展成为一家在信息产业内多元化发展的大型企业集团，是全球第 3 大 PC 生产商。联想公司主要生产台式计算机、服务器、笔记本电脑、打印机、掌上电脑、主机板和手机等商品。

请收集联想集团主要产品的资料，制作一个介绍联想集团系列产品的演示文稿。

项目三： 华为技术有限公司是一家总部位于中国广东深圳市的生产销售电信设备的员工持股的民营科技公司，1988 年成立华为公司的主要营业范围是交换、传输、无线和数据通信类电信产品，在电信领域为世界各地的客户提供网络设备、服务和解决方案。华为产品和解决方案涵盖移动、核心网、网络、电信增值业务和终端等领域。

请收集华为公司主要网络产品的资料，制作一个介绍华为网络产品的演示文稿。

项目四： 中国大陆西南部有一条神奇而多姿多彩的旅游热线，这就是"云南之旅"黄金旅游线。云南省，简称云或滇，位于我国西南边陲，有着丰富的旅游资源。丽江古城、三江并流和石林是云南省拥有的世界遗产，其中三江并流是中国唯一一项符合世界自然遗产全部四条标准的世界自然遗产。

请收集云南省的旅游资料，制作一个介绍云南省旅游资源及风土人情的演示文稿。

8.4.2 考核评价

制作完成的演示文稿，通常可以从以下几个方面进行评价。

（1）方案设计合理。

（2）配色方案美观。

（3）素材准备充分。

（4）动画效果简洁。

（5）技术运用正确。

（6）技巧使用恰当。

上一节四个项目可以参照以下的评价方式进行。

项目评价：

表 8-1　演示文稿评价记录表

小组	项目完成	方案设计	色彩搭配	素材准备	动态效果	技术运用	技巧使用	总分

评分细则如下。

1．项目完成（10分）。每个小组的 4 个项目要全部完成，缺少一个扣 2.5 分，完成的效果不好，酌情扣分。

2．方案设计（10分）。整体方案合理，考虑全面，不扣分，其他情况酌情扣分。

3．配色方案（10分）。色彩搭配协调，颜色设置合理，整体观感良好，不扣分，其他酌情扣分。

4．素材准备（10分）。演示文稿中展示的素材充分、合理、恰当，能充分展示主题，不扣分，其他酌情扣分。

5．动画效果（20分）。动画效果设置合理、简洁，能配合演示文稿的主题使用动画效果，不扣分，其他酌情扣分。

6．技术运用（20分）。能充分使用所学技术，技术运用正确，不扣分，其他根据情况扣分。基本技术包括音视频、SmartArt 图形、超链接、形状的使用、母版的使用、艺术字、背景、幻灯片交互、表格和图表。

7．技巧使用（20分）。能充分使用演示文稿的制作技巧，特殊技巧不少于两项。

149

模块 9　构建个人网络空间

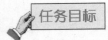

- 掌握申请免费空间服务的方法
- 熟练使用博客并维护自己的网络窖
- 使用网络其他新型服务

网络本是一个很专业的术语，但由于 Internet 的普及，网络成了 Internet 的代名词。正是因为 Internet 的普及，给这个现代社会带来了很多的变化。建一个个性网站，发表自己的个人观点，展示自己的旅游相册，在网络上装饰一个属于自己的网络家园，通过网络与远在千里之外的亲人进行面对面的交流等，这些都是 Internet 给我们带来的便捷。Internet 正成为人们工作、学习、生活不可缺少的帮手。

9.1　职业背景与训练目标

网络是一个虚拟的世界，虚拟的世界为人类创造了大量的财富，为社会提供了大量的就业岗位。网络突破了时空的界限，使世界成为"地球村"。

9.1.1　职业背景

Internet 的飞速发展给人们传统的生活与观点带来了冲击，也给人们的工作与学习带来了便利。随着 Internet 用户的不断增加，其功能也在不断的丰富，其传统的 WWW 服务、电子邮件、资源共享得到了加强，众多的新型功能被不断地开发出来，吸引了更多的用户。网络博客提供了发表自己观点的地方；网络相册为人们提供了展现自己的舞台；网络硬盘提供了不会损坏的空间；个人小站提供了人们展示个性的地方。

作为 Internet 用户并没有什么明显的职业特征，只要能够正确连入 Internet，不论是谁都可以使用 Internet 提供的资源。通常，网上博客是一些有想法、有时间、有能力的人，在网络上简易、迅速、便捷地发布自己的心得，及时、有效、轻松地与他人进行交流，再集丰富多彩的个性化展示于一身的综合性平台。一般来说，名人的博客、观点独特的博客等受关注度高，普通的博客受关注度一般局限于个人交友圈中。网络相册是一些网站提供给广大用户存放图片或照片的地方，只要是网站的注册用户都可以使用。网络硬盘是网站提供给用户存放文件的空间，一般也对网站注册用户开放，是网站吸引用户的一个技术手段。个人主页就是在网络上有一个自己的空间，然后把自己的网页放在里面，别人就能打开看，这就是个人的主页，也就是个人的网站，不论什么职业的人，只要有时间、有能力都可以在网络上建立自己的个人站点。

9.1.2 训练目标

通过本章的训练与学习，我们需要实现以下的技能目标：

（1）熟练掌握注册网络用户的方法。

（2）能够查找提供免费资源的网站并申请免费空间服务。

（3）会使用工具上传、下载数据到免费空间。

（4）能够对自己的站点进行管理与维护。

（5）能够制作有特点的个人网站。

（6）管理维护自己的网络空间。

（7）具备使用网站提供的网络新型服务的能力。

9.2 申请免费空间和域名

张丹同学所在的学校为了达到提高学生的技能训练水平，促进在校学生勤学技能、苦练技能、提高能力的目的，要举行全校性的、为期一个月的"五四技能节"。所有专业的学生根据自身的专业特点及个人的兴趣爱好，参加相应专业的技能比赛与展示。张丹与几个要好的同学仔细研读了学校的技能节方案，商量决定向其他同学们展示她们的网站制作与发布技术，每个同学各自制作一个个人网站并将其发布到因特网上，于是她们纷纷忙碌起来。张丹同学便开始了申请免费空间和域名的工作。

9.2.1 任务目标

根据任务内容的描述，张丹同学需要完成的首要工作是申请到免费的容量比较大的网络空间和自动转向的域名，据此申请免费空间和域名的任务目标如下。

（1）在因特网上查找提供免费空间和域名转向的网站。

（2）确定申请免费空间和域名的条件。

（3）根据网站要求提供准备条件。

（4）申请免费空间和域名。

（5）确认是否申请成功。

9.2.2 工作流程

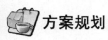

免费主页空间和免费域名转向服务曾经是因特网上各大网站吸引用户的一种营销手段，随着网民数量的不断增加，许多大型网站都有了一定量的固定访客，并提供了一些新的免费服务类型，如博客空间。现在提供免费主页空间和免费域名转向服务的大型网站比较少，但因特网上的主机数量是以亿计的，只要你用心去找，还是能找到你想要的东西的，如图 9-1 所示就是一个提供免费域名服务和免费空间的网站。

在因特网上寻找资料的方法通常是借助于搜索引擎，现在的搜索引擎比较多，各人有各人的习惯，比较知名的中文搜索引擎有百度、谷歌等。我们可以借助于这些搜索引擎查找到提供免费空间和免费域名转向服务的网站。

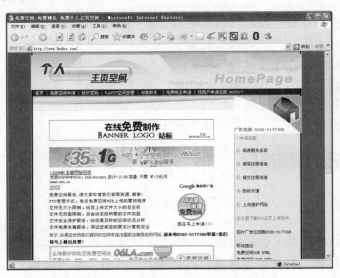

图 9-1　提供免费空间和域名服务的网站

免费空间和免费域名的申请

免费主页空间和免费域名申请的流程因网站的不同，有一定的差异，但基本流程是相同的，主要有：阅读服务条款、填写注册信息、提交注册信息、接收电子邮件、获取密码、网站开通等。

网站的服务条款是要仔细阅读的，看一看服务条款中有没有一些特殊要求，如果有特殊要求，申请时要慎重一些，如果没有特殊要求，必须无条件接受其服务条款，否则网站不提供免费服务。

填写注册信息时要注意，一般的网站上都要求用户提供真实的信息，但在对网站不是非常了解的情况下，建议不要提供真实信息，以免引起不必要的麻烦，但电子邮箱一定能够使用的，免得不能接收到网站的信息。在填写注册信息时，最好用一张纸将所填写的内容记录下来，或将填写的屏幕内容抓图保存在计算机中，以方便以后使用。注册信息填写完成后需要提交信息，网站会对你提交的信息进行核对，特别是你所取的网站名，如果有重名，就必须对其进行修改。

网站开通有两种情况，现在比较多的是网站的模板已经设置好，类似于现在的博客，用户只能对其进行简单的操作，不适合用户自制网站上传；另一种是给用户一个空间，网站的情况由用户自己定，可以将制作好的网站上传，使用统一的后台维护工具对网站进行维护。这种类型的免费空间现在比较少。

152

9.2.3　知识与技能

1.　免费空间

网络空间技术的出现，是对 Internet 技术的重大贡献，是广大 Internet 用户的福音。由于多台网络空间共享一台真实主机的资源，每个用户承受的硬件费用、网络维护费用、通信线路的费用均大幅度降低，Internet 真正成为人人用得起的网络。

网络空间技术是互联网服务器采用的节省服务器硬件成本的技术，网络空间技术主要应用于 HTTP 服务，将一台服务器的某项或者全部服务内容逻辑划分为多个服务单位，对外表现为多个服务器，从而充分利用服务器硬件资源。如果划分是系统级别的，则称为虚拟服务器。

免费空间就是指网络上的免费提供的网络空间，是在网络服务器上划分出一定的磁盘空间供用户放置站点、应用组件等，提供必要的站点功能与数据存放、传输功能。

2.　域名和域名转向

（1）域名

网络是基于 TCP/IP 协议进行通信和连接的，每一台主机都有一个唯一标识固定的 IP 地址，以区别在网络上成千上万个用户和计算机。网络在区分所有与其相连的网络和主机时，均采用了一种唯一、通用的地址格式，即每一个与网络相连接的计算机和服务器都被指派了一个独一无二的地址。为了保证网络上每台计算机的 IP 地址的唯一性，用户必须向特定机构申请注册，该机构根据用户单位的网络规模和近期发展计划，分配 IP 地址。网络中的地址方案分为两套：IP 地址系统和域名地址系统。这两套地址系统其实是一一对应的关系。IP 地址用二进制数来表示，每个 IP 地址长 32 比特，由 4 个小于 256 的数字组成，数字之间用点间隔，例如，146.111.1.11 表示一个 IP 地址。由于 IP 地址是数字标识，使用时难以记忆和书写，因此在 IP 地址的基础上又发展出一种符号化的地址方案，来代替数字型的 IP 地址。每一个符号化的地址都与特定的 IP 地址对应，这样网络上的资源访问起来就容易得多了。这个与网络上的数字型 IP 地址相对应的字符型地址，就被称为域名。

域名就是上网单位的名称，是一个通过计算机登上网络的单位在该网中的地址。一个公司如果希望在网络上建立自己的主页，就必须取得一个域名，域名也是由若干部分组成，包括数字和字母。通过该地址，人们可以在网络上找到所需的详细资料 。域名是上网单位和个人在网络上的重要标识，起着识别作用 ，便于他人识别和检索某一企业、组织或个人的信息资源，从而更好地实现网络上的资源共享。除了识别功能外，在虚拟环境下，域名还可以起到引导、宣传和代表等作用。

（2）域名转向

所谓域名转向，是指在注册域名时，域名服务商所提供的一项正常的域名增值服务，此服务是通过服务器的特殊技术设置，实现当访问您的域名时，将会自动跳转到所指定的另一个网络地址（URL）。假设 abc.com 是您注册的域名，则通过域名转向服务可以实现，当访问 www.abc.com 时，自动转向访问另外一个 URL，如 www.otherdomain.com/somedir/other.htm。注意，首先您的域名（如 abc.com）已经通过成功注册，并使用默认的 DNS 服务器；其次同时设置其转发至的目标地址：http://www.otherdomain.com/somedir/other.htm 是可以在互联网

153

正常访问到的，这样才能保证您的域名转向成功。

9.3 利用 FrontPage 2003 制作个人网站并上传

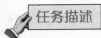 任务描述

　　FrontPage 2003 秉承了微软产品一贯的作风：简单、易用、界面统一、操作方便等特点，为初学网页设计者提供了一个很好的网页制作工具。FrontPage 2003 中引入了层的概念，使网页的组织方式更加丰富，增加了对 Flash 的支持，使其更具有生命力，具有"所见即所得"的编辑特点和完善的站点管理功能，以及方便的站点和网页向导，更加容易为初学者掌握。

　　张丹同学与小组成员在申请完免费空间和域名后，就开始着手网站的设计与制作了。由于他们对 FrontPage 2003 非常熟悉，他们决定使用该软件制作一个个人网站向全校的同学展示一下个人的风采，并将该网站上传到因特网上，使其成为个人的网上家园。

9.3.1 任务目标

　　根据任务内容的描述，需要完成的工作是个人网站的设计制作、个人网站的上传与维护，FrontPage 2003 制作个人网站并上传的任务目标如下。

　　（1）收集个人的各种资料与活动素材。
　　（2）根据资料类型对资料进行分类整理。
　　（3）整体规划网站的设计方案和配色方案等。
　　（4）完成网站主要框架的设计。
　　（5）完成网站的制作。
　　（6）检查网站的链接及其他错误。
　　（7）网站的测试。
　　（8）上传网站并测试。

9.3.2 工作流程

 方案规划

　　本例的任务是制作一个个人网站并能将该网站上传到申请到的免费空间，实现互联网上的浏览。个人网站是一个介绍个人的网站，容量不会很大，栏目也不宜太多。FrontPage 2003 中提供了个人站点的模板，所以我们在制作个人网站时，可以使用系统提供的模板先建立一个个人网站的架构，然后根据自己的需要对该架构进行调整与修改，方便我们制作个人网站。

素材收集与整理

　　个人主页或个人网站上涉及素材比较单一，主要围绕网站的主人组织材料，这些材料可以是主人的心语心得、日常生活、个人喜好、好友群体、旅游故事、学习经历等，但也不是不可以有所拓展，但拓展面不易太大，可以添加一些个人喜爱的明星、宠物、书籍等，这些

内容不能太多，太多了就有点喧宾夺主的意思了。

资料的整理可参照网站的架构来设计，将在网站中涉及的素材分门别类地进行管理，以方便个人网站的制作，可以建立如下的文件夹存放资料。

- images：用于存放所有的图形图像文件。
- media：用于存放所有的多媒体文件。
- wave：用于存放声音文件。
- txt：用于存放文本文件。
- gif：用于存放 GIF 动画文件。

 个人网站的制作与测试

个人网站的制作是使用网页设计软件将收集的资料按照设计思路制作成个人站点的过程。由于个人网站是由很多个页面组成的，所以站点制作时一定要注意导航体系，页面间的链接不能出错。一个网站制作的工作量可能比较大，有可能需要的时间比较长，在制作网站时应养成一个良好的习惯：记工作日志。这样可以避免出现错误。

一个站点制作完成后需要对其进行测试，网站测试中有一项就是站点的兼容性，测试一下网页在不同浏览器中的效果，所以网页设计者需要在计算机上安装不同的浏览器软件，目前主流的浏览器主要有 Internet Explorer 、Netscape　Navigator 和个性化较强的 MSN Explorer 等。网站测试还需要对站点内的超链接进行测试，不要出现链接错误的现象。

 网站发布与上传

网站在空间申请及域名申请完成以后，则可以进行站点发布，将网站上传到服务器上。网站发布的方法有很多，可以采用 FrontPage 2003 自带的发布工具或者使用专门的 FTP 发布工具进行网站的发布。

9.3.3　知识与技能

1．个人主页的特点

因特网上的个人主页可以用不计其数来形容，其中有很多设计精美、组织合理的、优秀的个人站点，但其中也不乏质量不令人满意的作品。什么样的个人主页才能称为一个好的个人主页呢？一般来说，好的个人主页应该具备以下特点。

（1）主题明确

所谓主题也就是网页的题材。日常生活中的题材种类很多，常见的题材主要有：体育、财经、汽车、房产、科技、健康、自然、旅游、教育、学校、时尚和游戏等，几乎包涵了社会生活的方方面面。个人主页的内容五花八门，如果要使自己的个人主页受人欢迎，就必须具有明确的主题。

虽然可用来作为网页主题的内容非常多，但确定网页主题应遵循如下原则。

第一，主题要小而精。也就是说，主题定位要小、内容要精。一个包罗万象的站点容易给人没有主题、没有特色的感觉。而事实证明，网络上的主题站点更受人们的喜爱。

第二，主题最好是自己擅长或者十分喜爱的内容。这样在制作时才不会觉得力不从心或有枯燥乏味的感觉。无论做什么事，兴趣都是第一原动力，没有兴趣和热情，很难设计制作出优秀的作品来。网站设计制作是一件相当耗时费力的工作，如果没有一定的热情和兴趣，往往会半途而废，更不要说优秀了。

第三，主题不要太滥。"太滥"是指随处可见、人人都有的题材，这样的网站不会给浏览者留下深刻的印象。

（2）结构合理

个人主页的站点应具有合理的结构。站点结构一般有网状和树状两种结构，对于个人站点来说宜采用树状结构，层次清晰，链路清楚，站点结构一目了然。合理的结构使访问者浏览网页时心情愉悦，能加快浏览速度。

（3）风格统一

个人主页应具有鲜明的个性，最能表现个性的就是站点风格。站点风格包括：站点使用的颜色、文字、按钮和图片等。如果这些站点元素具有统一和谐的外观，则可以认为该站点具有统一的风格。

（4）色彩适中

网站给人的第一印象来自视觉冲击，确定网站的标准色彩是相当重要的一步。不同的色彩搭配会产生不同的效果，并可能影响访问者的情绪。一般来说，适合于网页标准色的颜色有：蓝色、黄／橙色和黑／灰／白色3大系。

一个网站的标准色彩不宜超过3种，太多会让人眼花缭乱。标准色彩主要应用于网站的标志、网站标题、主菜单和主色块，以给人整体统一的感觉，其他色彩只能作为点缀和衬托，绝不能喧宾夺主。

（5）适量的动态元素

动态元素的使用能够使整个网页跳跃起来，但过多的动态元素在网页上闪动，会使人有眼花的感觉。在网页上使用动态元素要适量，不可为展示自己的技巧过多地使用。现在有些成功的大型网站，网页上到处是活动的广告，给浏览者带来相当的不便。

2．网页的基本元素

构成网页的元素主要有：文本、图片、超链接、水平线、表格、表单、框架以及各种动态元素等，但我们平时看到的网页主要由色彩丰富的文本、图片以及超链接等基本元素组成。

（1）文本

文本是网页上传递信息的主要载体，具有其他元素不能替代的作用。如文本可以打印，文本信息可以被用户复制，然后在用户的其他文档中使用，文本所使用的空间非常小，可以很快在浏览器中显现等。

但是，通常的白底黑字给人一种很死板的感觉。因此，网页设计者可以利用各种文字的变化来突破现有的格式。可以调整文字的大小、字形、颜色、字体和样式等以达到丰富页面的效果，文字的大小由普通、8磅到36磅可调；文字的字形有常规、倾斜、加粗和加粗倾斜4种字形可调；颜色调节范围没有限制，用户可以自己使用调色板调出自己喜爱的颜色；样式虽然系统提供有18种之多，但常用的只有增强、强调和下画线等少数几种；字体的变化是一般平面刊物最常见的事，但在网页上比较麻烦，系统的基本字体只有宋体、楷体、黑体和隶书，而不少用户为了使用方便又外挂了不少字体，设计网页的时候，外挂的字体尽量不要用，因为浏览者的计算机中并不一定有这些字体，当他浏览你的网页时，只能用他自己系统中的字体，网页便不能展示出预期的效果。

（2）图像

图像给人的视觉印象比文字要强烈得多，在网页中加入图像可以使网页图文并茂，生动活泼。在浏览器中能够显示的图像只有 GIF、JPEG 和 PNG 三种格式的图像文件。GIF 是网页中使用最多的一种图像格式，它能够显示 256 种颜色，适合于高反差、单调的图像，如商标、卡通画等，大多数的动画图像也都使用 GIF 格式；JPEG 能够显示更多的颜色，适合于显示如彩色照片、油画作品等图片；PNG 是一种压缩效率很高的图像格式，能在下载很小的一部分时即可进行低分辨率显示。

图像在网页上的应用非常广泛，可以利用图像制作标题、背景、主图或链接按钮等，所以在插入图像后要对图像进行相应的处理。对图像的处理主要有：调整图像的大小，当图像插入页面后，它所显示的尺寸是图像原始的尺寸，如果大小不合适，需要进行相应的调整；调整图像与文字的对齐方式，图像插入到网页后大小不一定符合排版要求，这时就需要调整图像与文字的对齐方式，FrontPage 2003 提供了 10 种对齐方式，主要有左对齐、右对齐、相对垂直居中对齐等；调整图像内容，这里并不是指对图像进行修改，而是给图像添加一些文字，以便说明图像的作用；对图像进行裁剪，如果只需要使用插入网页图像的某一部分，那么可以将不需要的部分裁剪掉；立体效果的设置，立体效果是在图像的边缘添加一个倾斜的边框，以产生图像从平面上突出的感觉，很像一个按钮。此外还可以对图像进行亮度和对比度的调整、锐化处理，以及图像文件格式的转换等操作，以满足网页设计的要求。

（3）超链接

所谓"超链接"就是一个网页和另一个目的地的连接点，在通常情况下，这个目的地是另一个网页，也可以是一幅图片、一个文件，甚至是一个程序；超链接源可以是一个按钮、一个动画、一幅图片，甚至是一段文字等。超链接的出现，改变了人们按照顺序阅读的传统习惯。

由于网页的基本元素是文字和图像，故而超链接可以分为文本链接和图像链接两大类型。文本链接是一种非常实用的链接，链接源通常是几个字符，有时也可以是几行文字，但这种情况比较少；图像链接能够使得网页生动、活泼，它既能够表示单个链接关系，也可以根据图像区域的不同，表示多种链接关系。浏览器中通常以带下画线的文本及特定的颜色显示链接，而当鼠标指向图像并变成手形时，表明该图像是一个超链接点，单击后即可看到该图像的链接目标。链接目标的指向主要有 3 种：指向当前网页所在的目录，指向其他目录，指向其他网页。

除上述 3 种基本元素以外，网页中的元素还有水平线、表格和表单等。水平线在网页中可以将网页分隔成不同的区域；表格通常用来显示分类数据，有时排版时为了更好地定位也使用表格；表单是用来收集站点访问者信息的域集；框架网页是一种特殊的网页，它可以将浏览器窗口分为不同的框架，而每一框架则可以显示一种不同的网页；动态元素主要包括 GIF 动画、Flash 动画、悬停按钮、广告横幅、动态视频和滚动字幕等。

9.4 综合实战

9.4.1 任务描述

将班级学生按 4 人一组进行分组，各小组中的每一位成员完成下列 4 个项目中的一个，成员间选择的项目不允许重复。项目完成后，每个小组推选一位成员将所完成的项目在班级展示（4 个项目全部展示），其他同学为该项目评分，评定出的成绩记为小组成绩，同时记为每个同学的成绩。

项目一：制作班级网站，至少有 15 个页面，有正确的导航系统。申请免费的域名及免费空间在 Internet 上发布（不使用站点向导或模板）。

项目二：制作学校网站，包含有各种类型的网页，有正确的导航系统，具有统一的网站风格，至少包含 20 个以上的页面，链接正确。申请免费的域名及免费空间在 Internet 上发布。

项目三：制作本地的美食网，要求有美食知识、美食文化、特色小吃、特色饭店等导航栏。此项目可以集思广益，尽量做到完美。最后完成一个商业性的网站并对其进行宣传推广。申请免费的域名及免费空间在 Internet 上发布。

项目四：制作本地的旅游网，介绍本地的著名旅游景点、风土人情、历史典故、民间传说等。此项目可以集思广益，尽量做到完美。最后完成一个商业性的网站并对其进行宣传推广。申请免费的域名及免费空间在 Internet 上发布。

9.4.2 考核评价

制作完成的网站，通常可以从以下几个方面进行评价。

（1）网站功能完备。

（2）配色方案美观。

（3）导航系统清晰。

（4）网站架构合理。

（5）技术运用正确。

（6）技巧使用恰当。

前面的 4 个项目可以参照表 9-1 的评价方式进行。

表 9-1　演示文稿评价记录表

小组	项目完成	网站功能	配色方案	导航系统	域名简洁	总分

评分细则如下。

1．项目完成（10 分）。每个小组的 4 个项目要全部完成，缺少一个扣 2.5 分，完成的效果不好，酌情扣分。

2．网站功能（10分）。网站提供的基本功能是否齐全，考虑全面，不扣分，其他情况酌情扣分。

3．日志撰写（10分）。网站配色方案是否合理、简洁明快，不扣分，其他酌情扣分。

4．导航系统（10分）。网站导航是否清晰，层次分明，有统一的风格，不扣分，其他酌情扣分。

5．域名申请（10分）。是否有免费域名转向服务和免费空间发布网站，申请成功就不扣分，没有申请成功全部扣完。